认知的重建

从内在强大到外在精进

吴姵莹◎著

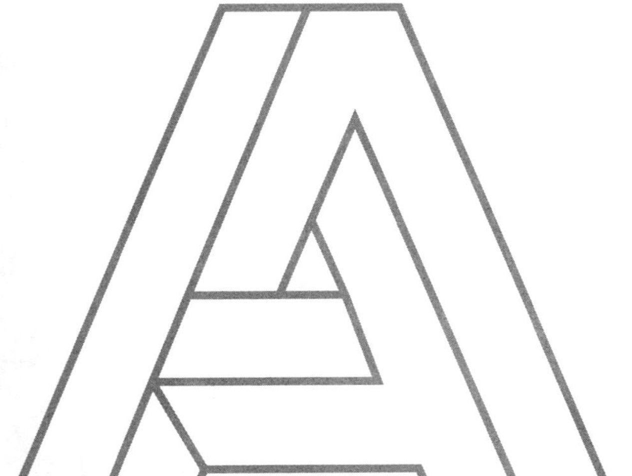

北京联合出版公司
Beijing United Publishing Co.,Ltd.

做自己最好的陪伴者

找回安全感，让你内在的小孩

不害怕、不寂寞的疗愈五堂课

自　序

我们大多数人生来孤单，在这世上却要学着合群，也要学会独立。我们自出生的那一刻与母体分离后就需要感到身心上的安全，也需要父母照顾得够好，让我们存活下来。但身体与物质层面的保障，也不一定可以给予我们心灵上的安宁。我们越是成长越发现，以为长大后可以做很多事情会有安全感，以为有钱后会有安全感，以为找到另一半会有安全感，总以为“拥有”什么就会满足，却发现“拥有”之后，我们可能开始害怕失去；或者拥有一段时间后，欲望的标准提高，而渴望拥有更多，落入了心灵匮乏与不安的状态。

当我们没有伴侣时会说：“如果我现在有另一半就好了。”

当有了另一半时我们会说：“如果另一半能再努力一点儿赚钱就好了。”

当另一半开始努力赚钱时我们会说：“如果他再多花点儿时间陪我就好了。”

当另一半开始陪着自己时会说：“如果他更温柔体贴一点儿就好了。”

在一阵阵的不安中，我们渴望他人给我们十足的安全感，无论是经济上的安稳还是情感上的支持，渴望他们能够符合我们的预期。而当对方真正达到预期后，心里还是有说不出的空洞，仿佛觉得“如果对方足够爱我，就应该主动看见我的需求”，或者“他真的爱我、在乎我吗？如果是的话，他应该对我……”。

可我们要的那种无微不至、完美无瑕的关系会不会根本不存在？不管是亲情、友情还是爱情，我们很难找到完美的人陪伴我们，每时每刻、随时随地出现在我们左右。我们总是将这种“陪伴”与“让我安心”的需求向外投放，不断寻找一个适当的人，却因为他人的“不够好”，我们内在感觉受伤、失落，甚至愤怒，开始对他人失望，对世界失望，甚而对自己失望。我们不由得相信，也许自己就是那个不值得被爱、被珍惜的人，否则怎么会一个人都找不到。

其实，我们都没有被教会，自己才是一直陪着自己的那个人，可是这个概念抽象亦为非实体的存在，让人感觉荒谬又困惑。而多数原因是我们没有机会好好感受自己，当感到慌乱时就赶紧用手机找人聊天；也没有机会好好安抚自己，因为我们期待别人安抚，不知道自己可以安抚自己，认为自己只有一个人，要怎么安抚自己？

这本《认知的重建：从内在强大到外在精进》最重要的在于对安全感的探索与巩固。当我们跟自己在一起都感觉安心自在时，自然可以创造融洽的关系，散发平和的氛围，也让更多人靠近你。

生活不会一路平稳，有时即便是我们生活经历改变，也会考验我们的安全感以及自身的情绪稳定度。我们只有有办法对自己的情绪和安全感抽丝剥茧，能对自己的不安给予理解、支持和陪伴，成为自己稳定的后盾，才能成为自己永恒的支持者。

即使到今天，我还是不停地与自我对话。对话不仅帮助我觉察自己，帮助我停下来审视自己，更让我懂得适时地安抚和照顾自己。这一路对心理知识的学习与体悟加上对学员个案的经验，交织出我对安全感更多、更深刻的理解。我也看见拥有安全感的人在独处时感到安适，人际互动时也感觉自在。因为对自己的理解和肯定，他们在追寻人生目标上也更坚定且更有勇气。

最后，感谢非常多的人在这本书的出版过程中给我的帮助，感谢一直以来参与课程和讲座的学员，也很感谢我的这些个案带给我的灵感和成长，激发我不断学习和反思，如何用言简意赅的文字帮助他们，以及如何通过故事让更多的人在感同身受的同时，也有机会被疗愈与获得成长。同时，很感谢工作室的伙伴林俐，在忙碌的阶段帮助我处理很多业务；感谢远流出版事业股份有限公司的用心，编辑智妮、营销编辑凯钧，还有总编辑若兰，让我们共同完成这部作品，谢谢你们！

目 录
CONTENTS

Lesson 1
安全感的重建

目录

Lesson 2
重新认识“内在小孩”

做自己最好的陪伴

目录

Lesson 3
拥抱你的“内在小孩”

目录

Lesson 4
阻碍认知升级的根源

做自己最好的陪伴

目录

Lesson 5
解放“内在大人”

Lesson 1
安全感的重建

当你有安全感时，便能够安心做事，

情绪起伏也较少，愿意寻求别人的支持，

也能较平和地与人沟通。

更重要的是，

会感觉自己被爱，也有能力爱人。

安全感是练习得来的

一直以来，很多人深受安全感困扰，为自己没有安全感这件事感到自责，而安全感往往是借由与亲近的人相处，一次又一次的经验累积而来的一种对人和世界的相信。

其实，我们从呱呱坠地那一刻起，世界就不再安全了。我们在母亲的子宫里既温暖又安全，但子宫之外的世界却充满了各种可能的危险。因此，婴儿表现出的姿态相当可爱，让照顾者愿意花时间陪伴、抚育。

婴儿大部分的安全感来自他主要的照顾者，所以当他感受到照顾者离开身边时，便会哭闹。

不过，有些个别差异，有的小孩一定要特定的照顾者才能被安抚，而有的小孩则是有其他人出现，就能稍微安定下来。也正是因为如此，小孩独特的气质会影响照顾者对待他的方式。总是需要特定照顾者安抚、陪伴的小孩，其照顾者就需要特别有耐心。

从幼年时期被照顾的质量上可以看出我们小时候是否觉得安全。当小孩哭泣时，往往是在说“我不舒服了”，若照顾的人可以给予孩子需求上的满足和安抚，长期下来，小孩会感到这个世界是安全的，也相信只要把自己的需求表达出来，外界就会给予回应。因为，安全感的回路在内心里已经建构出来了。

反之，当小孩哭泣时，照顾者如果采取忽视或放任的做法，让小孩哭得声嘶力竭至自然停止，小孩便会感到这个世界并不安全，也没有人爱自己、照顾自己；而小孩要是遇到照顾者对自己的反应不耐烦或指责时，则会感觉自己是经常带给他人麻烦的人，在关系相处上感到焦虑不安。

小时候，我们自然而然会得到大人的照顾。随着慢慢长大，照顾减少了，我们被要求学着独立。在我们失去与他人紧密联结时，不安全感就会被放大。

曾经有位母亲带着刚上小学的女儿来找我，她告诉我小孩这一年来容易感到害怕，就连睡觉都一定要有人陪。母亲为此很担忧小孩的状态，让小孩不断接受心理辅导，状况不至于恶化，但小孩似乎还是无法独自一人睡觉。

这一年下来，孩子在独立与依赖的挣扎中，已经影响到夫妻生活，而且妹妹也跟着要求像姐姐一样和父母一起睡。

母亲因为对小孩的害怕感到焦虑，尽可能花时间陪伴小孩。不管母亲如何努力陪伴，小孩都会有面对独处的时候。当父母过度保护和担忧小孩时，就会让小孩失去照顾和支持自己的学习机会。小孩会相信，自己处于脆弱无助的状态，便更加依赖父母。

小孩很容易内化父母的声音和教养，因此，安全感的建立如果通过父母的教养来传达，会更快速且有效。父母可以告诉小孩自己在时间上的有限性，并教会小孩独处，这样可以让小孩强化内心的安全感，也可以提升小孩对周遭人事物的理解能力。

之后，这位母亲除了学会安抚小孩，还鼓励小孩练习独立，并给予自身安全感。她告诉小孩："无论是看书还是出去玩，母亲有时间都会尽量陪着你。但母亲有时候还是要上班，不会一直在你身边。当母亲不在你身边的时候，你可能会觉得很孤单、很害怕。那我们一起想想看，一个人的时候你可以怎么做？找一本书陪你？用画画的方式画出你的心情？还是，跟你床边的小熊对话，跟它说你的心情呢？"

在讨论后不久，小孩便在心中想着母亲的话语。自己一个人时，学着去运用母亲所教导的方式，也懂得如何陪伴与安抚自己。渐渐地，小孩害怕的情况改善许多，也降低了与父母共眠的频率。

亲爱的，当你发现你常常做什么事情都要征询旁人的意见，当你觉得不安时非要找到人陪你说话不可，当你找不到人会全身无力、陷入忧郁时，那就要回过头来问问自己：你给了自己多少安全感？

其实，我们太经常向外寻找答案了，往往忘了我们心中都有一把钥匙，可以开启通往答案的门。

世界上没有任何一个人可以给你完整的安全感，因为没有任何一个人有办法全天候、全年无休地陪伴在你身旁，因此你必须面对自己。

小时候，我们渴望父母给我们安全感。长大后，我们渴望亲密关系中的伴侣可以给我们安全感。有时，当我们内心的不安与焦虑升起时，我们会渴望找回像小时候大人所给予我们的陪伴与照顾的那种安心感。由于被不安全感驱使，或者为了逃避不安全感停留在自己身上，有太多人无时无刻不在通过控制伴侣来得到慰藉。

当伴侣一个不留意“已读不回”就好比灾难发生似的，焦急得如热锅上的蚂蚁，使对方需要耗尽心力来安抚或给予爱的保证……如此一次又一次，令我们在爱里陷入痛苦的循环，对爱感觉失望，甚至感觉自己不被爱，伴侣也因为这样深感挫败。

就让我们开始练习吧！

为自己带来安全感的同时，也能为你的周围带来安全与平和的氛围，更让你在亲密关系中与人有更深的联结。

从现在起，当你感到不安时就开始与不安对话吧！如果那种不安就快要吞噬自己了，让自己感觉快要窒息了，就让它流动吧！通过感受与呼吸，去与更深层的自己相遇。你会完好如初，甚至会感受到自己的勇敢与力量！

记住，安全感是练习得来的，是一次次与自己对话、一次次与感受接触累积而来的。当你的伴侣不再需要扛起给予你“十分”安全感的责任时，他便会感到轻松自在。而你们，也能在爱里有更深刻的成长。

当我们从小就被教会——

“当你一个人的时候，可以为自己做些什么？”

“当你感觉孤单或不安的时候，你可以怎么做？”便能够给予自身安全感。

有时候，那种不安是因为不相信自己可以照顾好自己，一定需要有另一个人来安抚自己，或者帮自己转移注意力，才会让不安感降低。

寂寞不安的来源

亲爱的，当你在生活中遭遇挫折或感到失望时，不免想要得到温暖的拥抱，或是一句肯定的话语。可是，人们不可能一直等待他人来给予。由于太习惯别人来安慰自己，我们是否也成了总是在等待救援的人呢？然而，那些不安常常是自己没有好好肯定自己、学会疗愈自己，并且成为引导自己的主人所造成的。

寂寞与不安不是病，发作起来却如此令人难熬！

你如坐针毡，无法遏制内心波涛汹涌的焦躁感，在房里来回踱步，忍不住拿起手机翻找可以陪你讲话的对象；或者双手用力握拳，指甲因此掐进掌心，以为身体疼痛的增加能够降低焦虑感，但发现这么做一点儿用都没有。

或者，你无法停止手上的动作，像不断用手指绕头发，抓皱衣服又把它抚平，反复按着电视遥控器，终于没有什么节目让你的目光驻留时，你想把遥控器摔向墙壁。也许你会让嘴巴不停发出动作，一口接着一口，不停咀嚼食物，虽然你知道高热量会破坏减肥计划且产生罪恶感，但至少咀嚼会让你有事可做，从孤单中分心；或者，你需要不断讲话，无法忍受嘴巴合上时周遭安静沉闷的氛围。

还有更常见的，你一感受到孤单和空洞，下意识地就立刻抓起手机，滑上滑下，假装自己在关心别人的脸书动态，心里却感到深深的厌烦："为什么他人的生活总是多姿多彩？"关掉脸书后，又玩起手机里的闯关游戏，时间一下子就过去了。玩累的你再度焦躁起来，似乎因没有做点正事而放下手机后的焦躁感也让你难以忍受，所以你又拿起手机……

当有以上的症状时，你可能处在寂寞与不安的发作期；可能急需有人立刻解救你，或者急需有人分散你的注意力，才不至于被寂寞与不安吞噬。然而，它无孔不入地侵蚀你的感受。

亲爱的，我们常以为情绪是无形的，但它却这么深刻地影响一个人的生活。因此，我们只有拥有安全感的根基，才能一步步稳定扎实地做我们想做的事情。不论是学习还是工作，唯有在安全感中，我们才有能力与他人建立牢固且深刻的关系。否则，当你每天感觉如履薄冰，或像无头苍蝇一般乱飞乱窜时，关系也如蛋壳般易碎。而没有安全感的你也将生活主导权交到别人手里，直到对方再次可以让你感到安全为止，但你将一直生活在蛋壳般的场域之中。

其实，我们都太习惯别人来安抚我们了。

我从小就认识到自己是个情绪丰富的小孩，也由于太敏感而吃了不少苦头，时常处于极度不安的状态中，这让与我相处的人疲于奔命、辛苦了一整天后，还得安抚我的情绪，不然我感觉对方不重视或不在乎我。但我自己也花了好大力气，才学会与不安相处，才懂得安顿自己的孤单寂寞，才了解该怎么去爱自己。

那寂寞与不安，究竟是怎么产生的呢？

从另一个角度来说，它们是一种对于自身匮乏的东西过度放大的结果。为什么你会容易专注于自己被忽略了这件事呢？为什么你会不断去想没有人可以陪你呢？当你一直看着自己匮乏的部分时，它将使你更加匮乏，因为你会开始觉得不公平，会开始失望或愤怒，会开始越要越多，欲望变成填不满的黑洞。

你问，那就不要去看它吗？

不是的。

探索内在匮乏感的来源

亲爱的，坦诚地面对自己。

首先，请先看见自己的寂寞与不安，在当下照顾好自己的情绪。你感觉自己被忽略，是！你被忽略了，去接受你内心的感觉，然后开始与自己对话。刚开始，你会觉得自言自语很可笑，或是觉得既悲哀又可怜，难道我找不到人陪我说话吗？

哦！亲爱的，请你明白，只有你会永远在你身边。无法照顾自己的人，生命就只能被其他人牵制。你会发现，你无法过自主的生活，无法选择你想要走的路，因为你必须听另一个人的话，因为你害怕对方离你而去后没有人可以照顾你。

请深刻地感受和体会内在被忽略的不安感，因为它就是存在着，它就是你的一部分。假如你有宗教信仰，你可以持咒或者祷告，也可以为自己唱首歌或随意舞动身体，也可以坐着什么都不做。要更贴近你的感受，而不是逃开它直奔别人的怀抱或手机的世界里。因为这只会让你离自己越来越远，而且无法去爱自己。

感到沉静后，去探索它是怎么发生的，也就是我所说的“内在匮乏感”——那种觉得内心空洞的感觉。你要一次次去反思：那种急切的渴望来自哪里？那个不满足的需求为什么这么庞大？

是因为小时候父母都太忙了，没时间陪你，让你很害怕独处？还是过惯了要什么有什么的生活，习惯有人一直宠溺着你？或者，其实你一点儿都不喜欢自己，所以无法忍受与自己独处？

而在看见这些缘由之后，你可以怎么做呢？

在承认这些事实与照顾好情绪后，你开始从对他人的渴望中慢慢抽离，让专注力一点一滴回到自己身上并问自己：“亲爱的，我怎么做，才能让你不那么寂寞与不安？”然后，真诚地倾听自己内在的声音，真诚地与自己和解，且真心希望自己不感到寂寞。

将注意力放在提升自己而不是“嗷嗷待哺”，等待他人来满足或抚慰自身的渴望上。你需要找到你的重心与渴望投注热情的所在，也要找到你可以去付出爱和给予爱的方式，或者转而专注于你所拥有的部分，让自己的丰盛感越来越壮大。

亲爱的，一切都从反思开始，唯有你看见自己了，看清楚一切了，你才知道怎么开始调整，你才能更有控制感地去变成你想要的样子，能在下一次寂寞与不安将要发作时照顾好自己且重新聚集能量。

也许从小到大没有人教你这么做，但并不代表你永远学不会。在一次次的觉察与练习之后，不久的将来，你会越来越自在地与自己相处。

爱情最易展现情绪模式

当你有安全感时，便能够安心做事，情绪起伏也较少，愿意寻求别人的支持，也能较平和地与人沟通。更重要的是，会感觉自己被爱，也有能力爱人。

你说：“对啊！我的另一半不给我安全感，我都无法安心做事，一天到晚想着他到底在干吗，怎么又不回我电话和信息，越想就越火大！”

其实，在亲密关系中，感觉到安全是很重要的，而这也是我们希望亲密关系带给我们的，你知道你不安的时候，有人会在那里支持着你、陪伴你渡过难关。但维系亲密关系向来都不容易，因为在关系之中总会有牺牲、妥协与许多的自我调整。如果另一半无法给你安全感，又为何需要进入关系，为了另一个人改变？

而当你说另一半不给你安全感时，是什么意思呢？

从小时候开始，我们面对分离自然就会感到紧张与不安，因为这是人类的生存机制——避免照顾者离开而让尚未具备谋生能力的我们在没有保护之下失去生命，因此通过传达不安的情绪，可使照顾者适时地回到我们身边给予安抚。所以，感觉不安是常见的情况。

但是，它究竟在你身上出现得有多么频繁？要有多少爱的证明才会让你感到安心？有多少安抚与支持才能让你感觉生活正常？另一半在一天当中要有多久的陪伴，或跟你有多少对话与互动，对你而言才是足够的？

亲爱的，我们都要意识到这样的情形。的确，在稳定的陪伴关系中，我们可以从另一半身上获得安全感。但当你的伴侣经常不在身边，或者你曾经在关系中经历过受伤或背叛，或者你的生活正处于阶段性的转换（例如：换工作、小孩出生或公婆入住等）时，你对安全感的需求将会大幅增加，那该怎么办呢？

如果你惊觉，即使另一半很努力了，也调整了，但你依旧感觉到强烈的不安时，又该如何给予自己安全感呢？你已经知道先生正在重要的会议上，却在两个小时内打了三十个电话，因为你无法安抚自己的彷徨无助。可是，你觉得在这个世界上会有人可以完整地承接你对生活的恐惧吗？

而我们总是在慌乱的时候让情绪变得更激动，充斥着对他人的指责与攻击，无法克制地胡思乱想，终于等到对方回应我们，却又拿出备战模式，炮火猛烈，直到对方也被激怒，或冷处理，或夺门而出，使自己再度陷入更恐慌、更激动的恶性循环里。

每个人都渴望在关系里被需要，也渴望在关系里被爱。然而，在与自己相处的大部分时间里，我们需要学会给予自己安全感；学会在依赖他人与照顾自己“内在小孩”之间取得平衡，因为过与不及都会让关系岌岌可危。当你可以断然说出“我不需要你”时，就得诚实地问自己究竟是多么痛让你不再感觉到关系是安全的了，究竟是多么痛让你不愿意索取爱与照顾了。

在亲密关系中，当我们情绪不好时，往往会将责任推到对方身上。在没有看见自己的情绪模式时，很容易因为对方不够支持自己而对他生气。这样的模式可以追溯到原生家庭的情绪模式——当家庭中有人总是在情绪不好时对其他成员百般责难，或开始挑三拣四而无法反思自己的情绪到底发生了什么事时，我们就会学会这种情绪模式，要求爱我们的那个人去承担这个“情绪出气筒”的角色。

有时候我们会因为他爱我就开始将不安的情绪呈现出来，一方面测试对方是否真的有办法承接，真的有办法爱“如此真实”的自己，真的是“对的那个人”，却忘了自己才是那个会一直陪在自己身边的人。但我们却不懂得如何跟自己相处，甚至有点儿讨厌“一个人的自己”，不相信自己有办法成为照顾与安抚自己的人，总是渴望由别人来完成这个任务。

我们在爱情里上演了一段又一段不安与惶恐的内心戏。因为我们对自己不信任，因为我们内心的不安全感一再需要对方“爱我”的确认与保证。我们不相信自己值得被爱，不相信自己有价值，而一直觉得对方的付出是假的，不相信他的真意。

最后，对方也累了、受伤了，有了这样的感觉：“原来我的付出都没有被看见”，或者“原来我不具备爱人的能力，否则为何我的爱人会一直需要确认我对他（她）的感受呢？还有，为什么我的爱人总觉得我陪他（她）的时间不够呢？”

然后，你也陷入了“我是不是永远不可能找到‘真正爱我’的人？否则，明明说很爱我的人为什么要离开我？”的迷惘中。越是感觉自己没有价值，就越讨厌“一个人的自己”，无法与自己相处。独自一人时惶惶不安，急着要找到一段崭新的恋情，找到了便感觉一阵轻松，之后又回到无限循环的测试与失望。

由于你只渴望在关系中被照顾与陪伴，让自己可以摆脱“一个人的自己”，所以不会有机会看清楚关系的本质，也不会确定自己是否真爱着对方。直到有一天，对方真的离开了，真的伤害你了，你才真正相信，这一切都是真的，因为你就是那个没有人会在乎、没有人会重视的人。而一切的剧情就如你所料地实现了，他之前所说的山盟海誓统统是假的。果然，世界上是没有人可以相信的。

亲爱的，你一直觉得世界是危险的吗？一直觉得人们都不可信任吗？也一直觉得你不值得别人花心思，或者一直感受不到被爱吗？你是否思考过这种内在与外在的强烈不安全感来自哪里呢？

当你无法看清楚不安的来源、了解真正不安的源头时，再多爱的保证给你的也只是短暂的心安。当你无法重新相信、练习相信自己值得被爱，也练习肯定自己时，再多的爱情经验也只是验证你不值得被爱。当你没有开始思考并且跨出行动的那一步，那也只能让你的世界停留在你一直以来所相信的不安全的世界了。对你来说，是不是这样不安全的世界，反而才是安全的呢？

亲爱的，我知道面对“一个人的自己”并不容易。而当你无法面对时，其实你无法真正对关系打开心门，去感受他人的用心，去呵护自己的不安。是你隔离了自己——孤立且无助的自己，却渴望他人完全包容时，你最终只会产生巨大的失望。

这些源自不安的期待，会使你与另一半犹如强烈失衡的天平，压垮彼此间信任与相爱的能力。别为了自身的不安而遮掩爱情的美好，或者将自己的感受投放到另一半身上，认为是对方的错误，进而放大关系里的缺陷。因此，我们必须练习面对自己的不安，面对自己的种种感受，这样才能让关系最后不是回到自己最不愿意面对的情境中——“一个人的自己”。

因此……

爱情，是最容易展现我们情绪模式的地方。

爱人，是最容易被我们投射内在感受的个体。

“内在大人”与“内在小孩”的对话

<<<

“你动作怎么这么慢吞吞的，我要走了，快一点！”大人作势往前走，语气很不耐烦。在一旁的小孩仍将脸贴在橱窗上很专注地看着。

“你有没有听见我说话？我要来不及了！”大人更大声地说着，回头过来拉着小孩。小孩终于抬起头看了大人一眼，目光里带着难过与挣扎，但还是不时将脸转向橱窗那边。

“你下次再这样我不带你出来了，每次讲都不听，我数到三，再不走你就自己想办法回家！一……二……三……”大人不耐烦的指数飙高，在看见小孩无动于衷后，便气呼呼地走开了。

记得好几年前在路边买东西时，我看见上述情景，这个画面与对话并没有持续太久，也许只是一分半钟的对话。我不清楚这小孩跟大人之后的状况，但在我的工作经验里，我知道这一分半钟将会定格在小孩心里很久很久。

小孩因动作太慢而被大人不断催促却无效时，如果大人没有意识到身上的挫败感，就很容易化为愤怒，做出不适当的行为——抛下小孩，让小孩感觉恐惧与不安，大人试图用这个方法让小孩学会听话与服从。然而，恐惧与不安的种子一旦植入内心，将会不断发芽壮大。小孩不一定会闹脾气，但容易自我怀疑：

“我做错事了，我不应该惹大人生气，可是他们怎么就这样丢下我了？”

“我好担心如果我有喜欢的东西，或说出我自己的想法，就会被拒绝。”

这种“被丢下”的感受会广泛地延伸至各种形式的关系中，如亲子、手足、伴侣关系等。即使身旁的人对你再好，心里仍感觉惶惶不安，会想办法去讨好他们，甚至不太能表达自身的感受。这时，就需要去思考是否经历过“被丢下”的事件。

“被丢下”的伤心与恐惧，对小孩而言是巨大且难以排解的，并造成长大后在面对关系时，只要面临相似的场景，大至他人转身离开、突然消失，小至发现与身旁的人意见不合，都容易产生“被丢下”的阴影，令他陷入伤心与恐惧中，就像回到小时候的自己一样手足无措。因此，他可以做的便是像小时候那样：听话。

但我们往往忽略的是，大人当时对我们的催促以及他们身上的挫败感，已经内化成我们内在的声音。当我们每次在关系里感到不安或者自我怀疑时，那些像大人骂小孩的声音就会出现：“你为什么这么自私，只想到你自己？”“你为什么动作不能快一点儿，每次都要别人提醒你？”

接着，我们在关系里感觉惶恐，其实也因为我们内在这些大人的训斥和辱骂，正一次次地使我们的心灵受伤，对自己有更多的怀疑和恐惧。因此，我将这些声音称为“内在大人”，也就是你内化了来自父母、教养者、社会文化的声音。

如果你有一对做事总是急躁的父母，就容易为自己动作慢而感到焦虑或厌恶。由于这个“内在大人”斥责你的声音已经重复数千万次，让你深信这么慢的动作是很糟糕且无药可救的；或者，你一直生活在繁忙的都市里，经常接收到外在环境会让你觉得你动作慢的眼光或语言，在你没有筛选的情况下（我们往往不知道可以筛选），也会内化为环境与文化对你的批评，因此它成为你生活的框架，拿来作为自我限制、自我批评的标准，也让你一直看不见自己的好。虽然你有外在环境无法宽容的特质，但那并不是你的全部。

那我们该如何给予自己安全感呢？

其实方法就潜藏在我们内在一次次的对话里。在我们心里感觉很糟糕的时候，感觉到在关系中的恐惧不安，感觉到“被丢下”的阴影，或者其他各种形式，例如被比较的失能感、被嫌弃的羞愧感、被抛弃的失落感等，都让人感觉不舒服，并且极力避免发生。

每当我们出现这种感受，就是“内在小孩”需要我们保护和照顾的时候，这股脆弱感会唤起我们儿时许多无助的经验。如同前面所述，当你感觉要被抛下时，脑海中会勾出儿时大人离去的那个身影。但我们勾起的是情绪和感受，不一定有办法勾起记忆。所以，也许有时候你会轻易提取某些痛苦的记忆，而有时你根本不知道自己在恐惧或不安什么，只知道那糊成一团、黑压压的感受笼罩着你，令你喘不过气。

因此，当“内在小孩”需要我们时，我们可以去当我们一直以来渴望的理想大人——那个会包容、给出理解与温暖的大人。其实我们都很渴望被理解，而更多的时候我们也不理解自己，每次“内在小孩”出现情绪和感受就是不断责备他，不断削弱自己的信心与价值，也伤害了自己。

亲爱的，希望你们都可以在靠近“内在小孩”的过程里，越来越感受到自己的力量，越来越有能力穿越过往的害怕与恐惧，成为更强壮的自己。

我们可以试着练习停下责备，并同时给出理解，与自己对话：

“我知道你现在的心情很低落，是不是他们用比较的口吻跟你说话，让你感觉不舒服呢？”

“我知道你小时候经常被比较，所以一定觉得自己是很不好的小孩，而我原本也一直这样认为，真的很对不起，我不知道原来我可以用不一样的眼光看待你。”

“现在我已经长大了，我有办法去安慰自己了！你有没有想做些什么让自己开心一点呢？”

试着以大人的姿态靠近“内在小孩”，告诉他你懂得他的心情，很心疼与理解他的遭遇。你愿意陪伴他，不会让他一个人面对这么庞杂的事情，你会一直陪着他。

也可以在心中浮现出自己小时候的影像，或在心中浮现出任何一个小孩的样貌，试着用你的方式去靠近他与感受他。

接着，感受自己内心的感觉，是否感到轻松一些呢？

Lesson 2
重新认识“内在小孩”

你该学会练习找回自己的声音，

找回深藏的勇敢，

把为人着想的心思放回到自己内在的小孩身上，

为自己的“内在小孩”做主，

为自己的感受而活。

温柔且勇敢地敞开自己

<<<

亲爱的，每次讨论到生气与愤怒这件事，我发现，几乎八成以上的人都有表达愤怒的困难，不外乎觉得：生气是不应该的；或者生气代表自己小气，会有罪恶感或羞愧感；等等。我深刻体认到，理解自己对愤怒表达的限制并不容易，却是生命中帮助自己调节情绪很重要的一环。

我记得，在我小时候，生气是不被允许的。

五六岁的我，跟着表哥一起参加了幼儿园的毕业典礼。我对上幼儿园的印象很少，似乎只上过几次课，但听说表哥要去参加毕业典礼，我说我也想去，母亲嘱咐我要乖巧，而我小小的脑袋里只想着要玩。

到了会场后，有好多好多人——学生、家长、老师，我一直挨着表哥坐着。印象深刻的是，轮到表哥表演时，他离开我身边，我顿时觉得不安。只记得我臭着脸，在欢乐的气氛里感觉自己被冷落许久，直到某位不认识的老师看见了，走过来安慰我，递给我一颗暗红色毛茸茸的小球，我因为心情被触动，反而哭了起来。我的生气和难过，其实是孤单的呐喊，是不安的表现。我想要被看见、被陪伴、被安慰。

那时我刚上小班，在一个不熟悉的环境，感觉自己格格不入，也不知道该怎么跟大家一起同乐。我没有想到，来这里需要面对这么多人，也没有人告诉我可以做什么，我就是本能地坐在那里哭泣，生着闷气。

老师见到我哭了，觉得应该要让父母知道，就找来我的父母。而我在这么多人的场合里哭，更是激怒了父母，因为他们千叮咛万嘱咐不能捣乱，而我的哭泣令他们无法忍受，更是让他们感觉丢脸。

于是，我被带到厕所痛打一顿。我知道他们希望我被“修理”之后可以不哭，但我做不到。内心的难过与身体的疼痛，令我越哭越厉害。

我永远记得，那时带小孩进厕所的母亲们不知所措，混合着困惑的表情，甚至仿佛有些嫌恶，也永远记得其他小孩脸上害怕的神情，他们好奇究竟我做错了什么。

我的记忆停留在厕所那一幕，只记得我多么努力压抑住想哭的感受，才能不再受皮肉之痛。而我当时为什么会哭，似乎已经不重要了。我只记得生气是不对的。

在尚未接触心理学时，其实我不清楚为什么生气让我觉得羞愧。原来是每次感觉到生气，就会联结那些母亲与小孩看我的眼神，而那些眼神让我感觉痛苦，不禁讨厌起自己来。

长大以后，进入心理咨询的领域，我才发现，这件事对我而言是创伤，会在某个时候突然浮现，提醒我存在于我心中的没有被理解也不值得被理解的“内在小孩”；提醒我生气是不对且丢脸的，是应该被斥责的。

最后，连我也不愿意理解自己，忍不住抛弃了自己，因为我一样爱生气、爱发脾气。我没有因为被处罚而停止生气，依旧用生气来吸引注意力，当我一再失败时，觉得根本没有人懂我，感觉到深层的孤单与失落。我没有学会用适当的方式来表达自己，也没有学会怎么安抚自己的孤单，却在怒气中一再受伤。

我花了好长的时间，尝试催眠的引导，疗愈五岁的自己，也在心理咨询师的引导下，不断回顾过往的事件。我才发现，那段经历里的愤怒、孤单与委屈，需要被一次次看见与宣泄，去体验当时被压抑的感受，去看见不被理解的“内在小孩”究竟有多么难受。因为，我想要重新理解自己，重新认识自己，并且重新把自己爱回来。

承认自己受伤并不容易，因为这代表我在指责父母为什么不能理解我，指责他们在大庭广众之下处罚我，所以过去的我总是压抑自身感受，让愤怒与委屈在内心燃烧、蔓延，进而对自己愤怒，也阻碍了自己与他人的联结。那是好像被全世界孤立的感觉，那是并非被排挤却觉得自己格格不入的无助，我最终体认到，真正去接触自己愤怒的“内在小孩”，承认自己的感受，疗愈才能展开。

当我们害怕承认时，就不会觉得自己的感受有多重要，也容易使自己再次陷入负向的情绪循环中。你会不断使用无效的愤怒模式对待自己与对待他人，以寻求关注，却又觉得自己不值得被关注。

同时，我们也会使用一种心中对父母感到生气，却又强迫自己必须孝顺的做法。在内心里感到痛苦与自责，觉得自己一直惦记着童年往事是多么小心眼，又在父母靠近自己时感到难受或难以亲近的困窘。

亲爱的，你所渴望的是什么样的关系呢？

很可能你觉得只要改变自己对父母的态度，你们的关系就能大幅改善，但你做不到，因为你有太多的情绪累积，而你一直觉得很失败。你需要做的，是回到自己身上，好好看见你的情绪，看见你所受的伤，释放出你累积的情绪，再用崭新的自己去思考你渴望的关系。

试想，假如我们没有受伤，为何会感到痛苦与难过？

而要是没有痛苦与难过，又为何要寻求内在的平静或生命的真理呢？所有关系的质量最后都要回到你与自己的“内在小孩”的关系上，压抑与忽略并不会让伤痛消失。所以，请勇敢且温柔地敞开自己，体验“内在小孩”的愤怒，这将能为你的生命带来转化。

情绪甩不掉，只会被压抑

“今天发生了一件让我生气的事情。”你说道。

“怎么了？”我好奇地问。

“算了，我不想说，说出来太丢脸了。”你撇撇嘴，用眼神示意我不要继续问下去了。

我困惑地看着你，心想：发生什么事让你不愿意说呢？而我好奇的不只是“你所发生的事”，还有“让你无法如实表达愤怒的事”。

美国心理学家保罗·艾克曼（Paul Ekman）曾提到有六种基础情绪，是在跨文化跨情境时会在人们身上展现的，而愤怒就是其中一种。因此，人有愤怒的情绪是正常的。而愤怒时常代表着我们正经历某些不顺心的事情，可能是受到委屈、不被尊重、被剥夺什么或者受挫等，这些都需要我们抽丝剥茧看见它。只要能够看见它，情绪就得以流动，也不会累积在自己身上。

在一般生活情境里，当我们遇到事情时，有些人会选择说出来，而有些人选择不说。往往说出自己遭遇的人对事情释怀的程度会比不说的人高出许多，当然前提是要有一个很好的倾听者或支持者。而当一个人选择不说时，背后通常有长期且让人沉痛的脉络。

“我记得，有一天我终于忍不住了，我爸每次都在亲戚面前夸奖别人的小孩，然后说：‘如果我女儿跟你儿子一样有多好。’我告诉我爸我对他有多生气，气他在别人面前羞辱我，根本不在乎我的感受，我对这件事已经忍了非常久了。但你知道吗？他看都不看我一眼，就转身上楼了，好像这一切都没发生过。事后，我只觉得自讨没趣，他甚至用不回应来让我感觉自己做错事，应该要好好检讨一样！”

后来，你告诉我，那是你有印象以来在初中时发生的事。

“我还记得，我曾经有一次真的气到快崩溃，把书架上的书全部扔到地上，但放学回到家后，我发现，书全部都被归回原位了，就好像什么事都没发生一样。你看，他们再次想要息事宁人！”你说着，声音里带着一丝颤抖。

我感受到你的愤怒与难过。其实你是在告诉我，你多么希望你的怒气是被他们看见的，而不是视若无睹；你多么希望他们可以问问你发生了什么事，而不是物归原位，让一切看起来如此平静。

你说，他们的冷漠让你感觉羞愧，好像你做了一件极为愚蠢的事，一点儿都不值得他们花时间理解或投注他们的关心。因为你生气只是让他们更用力地忽略你，让你觉得自己确实做错了事情，也没什么好说的，让你必须服从于他们至高无上的权威，让你更感受不到自己的价值与身为人的尊严。

你说，他们把书都归回原位，让你觉得更痛苦。感觉那些被归位的书都在嘲笑你的愤怒，都在嘲笑你不该拿书本宣泄。因为，你的心情最终还是被家人忽略了，完全没有达到目的。

你说，他们不懂你的心情，他们不去感受你的情绪，渐渐地，你闭嘴了。你不再告诉他们你有什么感受、有什么想法，因为他们不会听。

你说，其实你很痛恨他们在那时候转身离开，那对你而言是多大的羞辱与创伤。而你不愿意再说，是不愿意这些创伤一而再，再而三地重演，也因此拉开了你和他们的距离。因为每一次的靠近都是痛苦，所以你选择冷漠，就像冷漠地忽略自己的“内在小孩”那样。

亲爱的，是啊！你愤怒的“内在小孩”受伤了，因为他在最需要被呵护与听见的时候，被强烈地拒绝与忽略了。

然而，我看见的是，你的“内在小孩”仍持续地受伤着。你一直使用同样的方式对待自己，对待那种愤怒的心情，同时自己的愤怒让你感觉羞愧，让你唯恐避之不及。你正在用你最痛恨的方式对待自己，使自己持续受伤。

其实你多么渴望被听懂、被理解、被尊重。但今天，你发现，在你的日常生活中，让你感觉不平衡的事情一再发生。在你感觉愤怒的同时，也努力压抑着这些感受，因为你觉得羞愧，不愿意让人看见。你的内在有种声音在斥责你：“收起你的愤怒，不准生气，这太丢脸了。”

依循着这个声音，你发现让你生气的事情总是不断出现，你总是感到羞愧，越来越讨厌自己，觉得自己越来越不可原谅——为什么不断重蹈覆辙？

亲爱的，我们都可以练习改变内在的声音，改变内在情绪的途径。当下一次愤怒的“内在小孩”出现时，你能否试着沉稳地看着他并且陪伴他，而不是急着转过头去，要甩掉自己的情绪呢？

请注视着他并询问他：“你发生了什么事？是什么让你生气呢？”而不是责备他：“这有什么好生气的？你这样没人会喜欢你！”

情绪是甩不掉的，只会被压抑，不会因为你没看见就消失。有一天类似的情境出现，将会反弹出更强烈的情绪。

我们必须知道，愤怒产生都有其原因。我们过往的情绪被对待的方式压抑了，使我们深信愤怒的存在是羞耻的，而忽略了其背后的缘由。

当愤怒的小孩被理解后，愤怒的情绪就会有如波浪般平息在沙滩上，又见海阔天空。请记得，愤怒的“内在小孩”只需要被你好好理解。

没做到不是自己不够好

<<<

那天你告诉我，你转寄了一封信给客户，却也不小心把公司的内部信息泄露了出去。

当你发现时，脑中一片空白，痛苦地从座位上站起身，拖着身体走到洗手间。你无力地坐在厕所里，两眼空洞无神，脑海里充满了斥责的声音。你将脸埋在双手中，只能痛苦地戳在那里。

“我真不敢相信，你居然到现在还会犯这种错！”你听见内在的声音张牙舞爪地叫嚣着。

“真是蠢到没药医了，你干吗还工作啊？！要不要打包回家？！”内在声音睁着猩红的双眼，恶毒地批评你。

“丢不丢脸啊！这么重要、这么基本的事情，幼儿园等级啊！亏你还有大学学历！”

你感觉自己被击溃在地，感受不到一丝尊严与价值。

你说你窝在厕所里无助地哭了，你不懂为什么你会犯这种错误。你觉得很对不起主管，也觉得对不起学校，他们不断训练你、教导你，但你不懂你为什么会不受控制地频繁出错，还出了很夸张的错。

你继续说你对不起爸妈，因为他们把你教养这么大，对你有所期望，没想到你好像什么都不会，就只会考试。

你感觉自己一无是处，光有那张学历证书又有什么用？你受不了自己总是少想一步，总是给别人添麻烦，总是让他人收拾、善后，总是让他人在背后对你闲言碎语，总是让人可以挑错来指责你。

你说，你真的受够自己了；你说，真希望可以像鸵鸟一样，钻个洞把头埋进去，一切都像没事一样，那该多好！希望他们能在责骂你一顿后，再拍拍你的肩头，跟你说“改过就好”有这么难吗？

你终于鼓起好大的勇气面对这件事，顿时更难过地发现，其实真的就是一件错的事，但为什么自己连处理和解决的能力都丧失了？只知道躲起来，不懂得及时补救；只知道跑到厕所自怨自艾，不懂得及时搬救兵、找资源。你越想越陷入痛苦的自责中，觉得自己没有一丁点儿危机处理的能力，也觉得自己的抗压性低得可怜，公司为什么要录用你？

你告诉我，你进入了第二轮的“自我攻击”中，觉得自己更一无是处了。

我一边听着你的故事，一边感受到你对自己的厌恶与嫌弃，更看见你的自信在一次次的自我攻击里消磨殆尽。

你说：“我真的无法往好处想，我真的很难有正面想法，我根本连自己的优点都看不见了。”

亲爱的，这不是我看过的第一个这样的案例，这是我们生活中很常见的状况。

我们注重成败，很早就期待小孩学习，不要输在起跑线上，过早在小孩身上施加竞争的压力，也在比较文化里让小孩从小就觉得自己不够好，比不上别人，因此不值得被称赞，也经常怀疑自己的能力。

过度责骂的教养方式，一次次培养我们的羞愧感，使我们经常在感受到被骂或者做错事时，更容易联结到早期被责备的情境。这些受伤与羞愧的感受，在被疗愈与看见之前，是不容易消失的。

在我们被责骂或受到羞辱之后，心里油然而生的会是我们所看见与感知到的“大人对我的讨厌”。也许我们在理智上会知道他们是“为我好”，但在心理上会用我们所认为的“大人对我的讨厌”来讨厌自己，我们的内在会开始用大人的语言，不断重复抨击自己。而在被抨击之后，让人变得更畏缩，甚至造成多做多错的局面，因此更无法原谅自己。

我们还忘了去理解自己，问问自己究竟发生了什么事，只觉得惹大人生气就是自己的错，非常不应该。我们忽略了心中的委屈，可能有些事情超乎能力，有些事情我们其实没有被教会，或者有些事情本身就不公平（例如：要求小学生做事情像初中生一样利落明快）。我们只知道，自己根本没有悲伤的权利，也没有委屈的资格。因为没有达到要求就是错误，就是不够好。

那你问：“该如何让事情变好呢？”

通过这四个步骤帮助自己重新整顿心情，遇到做错事的情况，让你再次放稳脚步，当那个可以稳定陪伴自己的大人。

倘若你尝试了几次都无法做到，请寻求专业人员的帮助。因为这可能表示你有更深层的情绪问题，或者有需要被疗愈的生命课题在其中，又或者有其他更多的干扰因素存在。

亲爱的，愿我们在每一次跌倒时都能成为那位扶起自己站好、温暖且稳定的大人。

当你再次感觉自己做错事时请试着开始以下步骤：

1. 情绪急救。事情刚发生时，会让人极度慌乱，身心处在焦躁不安的情况下。因此，转换环境可以初步帮自己争取心理空间，不至于被慌乱的情绪填满。走出办公室，到附近的公园或空旷的地方，做十次深呼吸、十次甩手于身体前后击掌、一分钟的甩手，感觉身上的情绪通过甩手释放出去。

当情绪压力稍微降下来后，头脑才有办法正常运作。千万不要勉强自己在情绪慌乱时去做任何调整，并找出解决方法。

2. 开放问句。发生什么事了？我究竟做了什么？现在是什么样的心情与感受？

练习一边深呼吸，一边温和地直视着做了这件事的自己。你可能会很想持续攻击并责备自己，但请通过深呼吸帮助自己停下这些动作。

3. 理解安抚。练习对自己说：“我知道你现在很愧疚。”“我知道你现在很想批评和责备自己。”“我知道你现在觉得很担心、很害怕”“我知道其实你很想把事情做好。”“你现在一定觉得很受挫。”……通过不断理解自己的心情，让紧绷的身心得以放松，并且开始感觉平静。

请不要总让自己立刻找出解决办法。心情一团混乱的时候，这个目标只会将自己推入死胡同，更加否定与无法原谅自己，甚至让你花更多时间才厘清头绪。

4. 陪伴支持。练习安抚自己的心情，如同看见一个不小心犯错的小孩。告诉自己：“没关系，我们一起来处理这件事吧！”

心情稳定下来后，练习成为自己的后盾。在进行接下来的事情时，支持与陪伴自己走过，而不是恢复那个背弃与苛责自己的角色，嫌弃自己不够好。

找回深藏的勇敢

<<<

“我小时候总被嘲笑。说真的，我已经记不得被笑的原因。可是，他们一群人指着我笑的表情和模样我都记得。”

你抽了一张面纸，在手里折了折后开始擦眼泪，委屈一阵阵涌了上来。

“我常常不知道自己做错什么，我很想跟邻居家的小朋友玩。但在我的记忆里，他们一看到我就跑开了。我小时候其实觉得很孤单很无聊。”你停顿了一下，似乎想到什么，“我好羡慕他们有玩具，也好羡慕他们的家人都在家。”落寞再度出现在你脸上。

“大人呢？他们在哪儿？”我问。

“他们都好忙，没有人有空理我。”你说着，身体也蜷曲起来。

你说，从小时候的某个时期起，你变得很安静，不太表达自己，也不喜欢在团体中被看见，因为你很担心别人将注意力放在你身上。你说，每一次让你被发现的事好像都不是好事，而这让你感觉很痛苦，更深信自己需要封住自己的声音，压抑自身的感受。

好比说，你不小心推倒邻居晒在门口的衣服，被邻居骂了一顿后，对方还找来你妈妈理论，而妈妈在他们面前扯了你的头发，又大力推了你的头，忙着赔不是后，嘴里还念叨：“都已经忙到不行了，为什么还有你这个麻烦……”

你看到一直欺负你的那个小男生站在他妈妈后面窃笑着，之后他变本加厉地欺负你，尤其爱扯你的头发和推你的头，还笑你是个麻烦。

“麻烦鬼！”“麻烦麻烦！”你最讨厌的字眼在小孩之间强力放送着。

你“不小心”推倒邻居放在门口占地的盆栽了，你“不小心”拿水管把其他小孩的衣服喷湿。

你又被告状了。

妈妈这次把你的头发扯得更用力，你觉得头发就要被扯掉了。回到家后，妈妈对你尖叫，还下跪求你，拜托你不要再去招惹邻居们，求你乖乖待在家里。

你被恐惧深深笼罩，惊慌无助地看着憔悴又崩溃的妈妈，觉得自己太过头了，你安静了下来。只是你不太理解，为什么妈妈没有帮你讲话，为什么妈妈没有指责那些小孩，明明是他们先欺负你的。

你说过几次，告诉妈妈他们会扯你的衣服，也告诉妈妈他们都不跟你玩。但妈妈却只是挥挥手说她很忙，然后丢了一个布偶给你，便转身离开。似乎只有自己做错事的时候，妈妈才有反应。

你被妈妈的眼泪吓到了，顾不得自己的委屈和愤怒，只剩下自责，以及强烈的矛盾和困惑。感到矛盾的是，你好生妈妈没有帮你伸张正义的气，却也害怕她难过，甚至担心再继续下去妈妈会离你而去。似乎你只要多一点儿忍耐，只要变得安静，妈妈就不会难过了。可是，你的困惑在于为什么妈妈不能像别人的妈妈一样轻松地过日子，并保护自己的小孩，反倒责骂与哀求？又或者，究竟自己做错了什么事情，这么让人讨厌？

于是，你越来越安静，越来越会忍让。但被欺负的感觉一直都在，甚至到了结婚之后，被婆家剥削，先生出轨情况变本加厉，他甚至明确告诉你，与你之间只剩下责任……你不懂这一切的忍耐与付出到底换来什么。

亲爱的，你曾经很勇敢，勇敢地用自己的方式表达自己的愤怒。在即使没有人帮忙与支持的状态下，你通过“破坏”来释放和宣泄自己的愤怒。

小时候，你的孤单并没有被理解，委屈也没有被看见。你希望有双大手拉着你，带你走出被欺负的困境，但你只感受到一双又一双拒绝的手，听到责备的言语。

在你小小的世界里，没有人告诉你发生了什么事。你给自己下了设定：“因为你不重要，你不要再当麻烦鬼了，你不要这么多话多事，你安静一点儿。”好像也只能这样认为了，在那个孤单得只剩下玩偶与你的世界里，你没有太多机会跟其他小朋友或大人互动，去塑造一个快乐、好奇且纯真的小孩模样。因此，“内在小孩”在你的自我设定中定型了——压抑与习惯自我责备的小孩，怎么做、怎么付出都不重要的小孩。

接下来，在成年后的生活里，你不断感受到自己能量的消耗，也不断感到自己失去生活的主导权。不公平与不值得的感受也同样挥之不去。

然而，我们可以试着与“内在小孩”开启对话，来帮助自己。在我们知道自己发生了什么事，知道这一切委屈自我的缘由后，就可以去除“麻烦”的自我设定，学习安抚自己，开始爱自己，也为自己建立起界限，学习拒绝他人保护自己。

亲爱的，让我们一起来看见自己吧！看见你曾经有过的勇敢，以及你后来为了家人所做的选择，那无奈却是当时最好的选择。这一路走来，你的辛苦与委屈也许让你觉得不值得，但到头来都是为了让你学会练习找回自己的声音，找回深藏的勇敢，把为人着想的心思放回自己内在的小孩，为自己的“内在小孩”做主，为自己的感受而活。

拥抱“内在小孩”的练习语

嘿，小朋友（或你的名字），我知道你受委屈了；我知道你一直渴望有人为你伸张正义，保护你的权利与尊严；我知道我忽视你的感受很久了。

因为我必须忽视这些，才能感觉自己是安全的。

我知道，我一直觉得你很不重要。

对不起，我之前不知道怎么保护自己，但现在的我长大了，有能力了，我答应你，我会去感受你的存在。

每天与你对话、了解你、认识你，为你的不舒服发声，为你的不愿意拒绝。

Lesson 3
拥抱你的“内在小孩”

承诺自己会一直陪伴着自己，

成为自己不离不弃的照顾者，

即使你生命里再次发生不顺心的事，

即使有心情上的波动，

你也愿意成为那个理解与支持自己的人。

让你身心超支的“认同上瘾症”

<<<

亲爱的，你是否有“认同上瘾症”呢？那种小时候一直渴望被认同，大人可以在外人面前称赞你，或者只要单纯地被看见、被肯定的感受，是否使你一直感到失落与匮乏？会不会有一种做得好是理所当然、做不好就一定会被骂的感受？

这样的你很可能对自己不太有自信。因为，当我们把对自己的认同建立在他人身上时，往往是因为缺乏安全感和自信，在人际互动中缺乏界限，容易以他人为主。在需要依赖他人的认同生存的情形下，你失去自我判断的准则，也失去自我价值感；在他人眼光中浮沉，却又经常感到挫败且无力，为什么自己这么努力，却一直无法获得认可？为什么自己一直付出，其他人都看不到？

虽然在心理学上并没有明确定义“认同上瘾症”的病名，但我还是用这个词来描述我所看见的现象，因为它是如此广泛地存在着。

在你身旁会不会有个朋友，他已经很努力，而你也觉得他很完美了，可是他永远觉得自己不够好，永远停不下来去追寻更好、更高的目标？你不清楚，他也不清楚，那到底有什么样的价值？你提醒他要停下来，因为他的身体已经出了问题；你也看见他在身边的关系里已经过度消耗自己，但他永远跟你说“好好好，我知道”，却老是做不到？

然而，他们内心里真正害怕与恐惧的是，“如果我不够努力，就可能会被抛弃”“如果我不够认真、不够完美，将会失去他人对我的爱”。因此，他们无止境地做事，同时也害怕自己所呈现出来的是在他人眼中那个不够好的自己，所以努力追求完美的形象，做“好”每一个角色，比如：好女（男）人、好小孩、好伴侣、好员工……

然后，我们会用“负责”来包装自己，觉得如果自己没有做好每一件事，就会对不起自己，也会影响和妨碍别人，因此过度忽略自己的感受与身体超支的信号，身心俱疲。在不断付出与奔波的生活里，直到有了病痛才让自己停下来。

所谓成瘾（Addiction），指的是一种重复性的强迫行为，即使已知这些行为可能会造成不良后果，仍然持续重复着。这种行为可能因中枢神经系统功能失调而造成，但重复这些行为反过来也会造成神经功能受损。“瘾”被用于描述精神强迫或过度的心理依赖，例如：物质依赖、药物滥用（即俗称的“滥药、毒瘾”）、酒瘾、烟瘾、性瘾（摘录自维基百科）。

因此，有“认同上瘾症”的人不断追求完美的行为，追求他人的认可，进而不断付出自我。其中的不良后果就是“失去自我”，甚至失去了身心的平衡。虽然它并不一定像物质成瘾一样直接破坏神经功能，但长期的压力与不快乐的情绪也会让神经系统内影响心情的激素、内分泌系统及消化功能出现问题，损害我们的免疫系统，还会降低认知思考的能力，对身心产生很多影响。

因为这并不像赌博与吸毒那样会直接带来财务与犯罪的危机，所以更容易让人忽略其影响力。

在实务工作的观察中，我从学员身上总结经验得出“认同上瘾症”的高危险人群如下：

1. 生活在男尊女卑家庭的人。这种根深蒂固的观念，让女性在家族里不论怎么做都是次等的，理所当然要去照顾和付出，也理所当然没有得到感谢与欣赏。因为女性被认为地位低又没有价值，这会使女性经常感受到生存危机或被抛弃的危机。有时候，为了生存以及获得认可，她们会去发掘大人的需求，并承接不属于自己的情绪和责任。

2. 有过度优秀的手足的人。优秀的手足直接减少了大人对你的关注，他们会让你觉得，你怎么做都不如他们，也无法获得足够的认同。甚至有时候你觉得自己在家中可有可无，因而努力证明自身的存在。因此，你觉得自己总是表现不如人，却又不甘心落后。你追求来自他人的肯定，却又推拒他人的肯定。由于你已经习惯这种肯定是给别人的，所以经常会陷入矛盾之中。

3. 曾经有被排挤、被霸凌经历的人。如果体验过被同侪排挤或霸凌，会对自我认同造成很大损害，因为你无法在归属的群体里认识自己，也无法感觉自己被群体接纳。这样的受伤经历会使你更容易在将来过度依赖别人或团体的意见，不敢为自己发声。由于担心不被同伴喜欢，加上曾经被排挤的经历，你往往会奋力达成团体的目标。

4. 严厉又缺乏家庭支持的人。家里有个严厉权威的形象，很多事情必须以他的意见为主，因此你不太有自由去做自己想做的事情，并且在选择或拒绝时，会受到牵制或责备，这很容易导致在许多事情上放弃自己的想法，也容易产生自我怀疑与自我否定。

亲爱的，无论你在这样的情形里多久，我都想邀请你去看看原因，看看你从哪里失去认可，是什么原因让你失去认可，连你都不愿意停下来与自己独处、放空、说话，连你都不愿意看见和承认你一直以来究竟为自己做了多少事情、付出多少努力。这很可能让你的“内在小孩”受伤，也很可能是因为过往的受伤，让你更加忽略你的“内在小孩”。

所以，请与你的“内在小孩”对话吧！放过自己，放下标准与完美的形象，拥抱当时受挫与受伤的自己，也拥抱疲惫、伤心的自己，停下来看见自己所做的一切，你可以认可自己。只有你先给自己爱，先爱自己，才可以化解这长年纠结的“认同上瘾症”。

未看见的伤痛只会创造更多伤痛

<<<

前阵子我心情有些复杂和沉重，接二连三遇到许多个案都谈到“被抛下”“被排挤”等被排除在外的经历，我感受他们内心的痛苦和孤单，陪伴他们，不禁反思：是不是我身上也有“被抛下”的议题还没处理？

在心理咨询领域里，我们会这般自嘲，吸引来的个案往往呈现出我们自身的议题，而当我们也在个案的议题里感觉撞墙或绕不出困境时，这便是一个强烈的信息，告诉我们要好好检视自身了。

一直以来，我都带着学员去照顾自己的“内在小孩”。而那天晚上我提醒自己，是时候与自己的“内在小孩”说说话了。那么该说些什么呢？

“被抛下”的感觉一直浮在脑海，我让自己进入时间之流里去搜寻。我发现，自己陆续体验到几段“被抛下”“被排挤”的过往感受，也陆续看到那局促不安的小孩羞赧的模样跃入画面里。

记不清细节，受伤的感受却如此清晰

还记得那是五六岁的我，身为家族中年纪最小的孩子，最受外祖父的宠爱，总是可以拿到外祖父带回来的礼物。而家族中其他表哥都大我好几岁，加在一起共有六七个，他们所分到的来自外祖父的关注相对就比较少。由于外祖父在家族中是很有分量的长者，也许就是因为如此，获得外祖父太多关注的我被表哥讨厌了。

我已经记不起来被讨厌的原因究竟是什么，或许是我“欺负”跟我年龄相差最小的小表哥，也或许是我说了什么不得体的话。小表哥其实是我幼年很重要的玩伴，可能他告了状后，其他表哥联合起来对付我。而我知道的是，我们一直都在一起玩。

事情的发生对年龄尚小的我而言，相当可怕。

我惊恐地躲在一扇门板后面，因为听到血气方刚的表哥们说要把我揪出来，似乎是因为我太生气把小表哥的球丢到马路上，让小表哥很难过。

青少年阶段的表哥们对我来说是魁梧巨大的。我依稀记得他们生气寻找我的样子。我从门板的缝隙望过去，只能不停地哭泣。

我想，他们也许只想“讨回公道”，或者要保护小表哥。然而，被一群表哥“讨厌”和他们吆喝要把我揪出来的画面，深深印在我的心里挥之不去。

小时候的我，其实根本搞不清楚发生了什么事，只一味觉得自己做错事，只剩下害怕、难过与孤单的感受。

我知道我受伤了，心里很痛，但没有人知道，也没有人帮助我。我不敢告诉任何人，因为心里堆满了不解与害怕，只能僵在门板后面，祈祷他们不要发现我。

与“内在小孩”对话，给出支持与陪伴

我一边让自己回忆起这段经历和画面，一边再次感受自己回到木板旁，如身临其境。

我看着已经泪流满面的小孩，心里知道，大概全世界只有我自己可以懂他的心情了。我面对着他蹲下来，摸摸他的头，告诉他：“你一定很害怕，你也不知道为什么会这样，对吧？表哥他们看起来好生气的模样，肯定把你吓坏了。”

我靠近他，说出他的感受：“一个人躲在门板后面一定很孤单，我都看见了，其实不是你的错哦！不用怕，我会陪在你身边，你不是一个人。”我说着，摸摸他的头，再轻轻把他抱起来，轻吻他的额头。

我可以感觉到，他因为被安抚，情绪变得平稳许多，啜泣也缓和下来了；我也感受到，他知道我心疼他而觉得

自己受到重视、珍惜。接着，我告诉他：“很抱歉，我没有及时来看你，让你一直在这件事里担心害怕，我会记得时常回来看你。”

我感受到，他因为承诺而变得开心，同时我也感受到了内心的平静。我承诺，自己会一直陪伴着自己，成为他生命里不离不弃的照顾者，即使生命里再次发生不顺心的事，即使有情绪上的波动，我也愿意成为那个理解与支持自己的人。

离开画面后，回到现实，我才发现，其实我跟“内在小孩”同步着，正泪流满面，也感觉到“内在小孩”被安抚和疗愈后心里舒展开来的感受。

未看见的伤痛，只会创造出更多伤痛

假如没有意识到伤痛，即便我们长成大人拥有许多社交经验，仍不一定能够处理内心产生的不安和孤单，会感觉一瞬间自己退回小时候那般无能为力又脆弱的状态——

不知所措且万般指责自己，甚至怒骂自己也更讨厌自己。

无奈的是，“被抛下”向来是我们恐惧的感受，我们无法去碰触它，也造成我们对于人际相处的信息有过度敏感的警报系统，会过度放大、解释别人似乎要将我们排除在外的信息，而可能反应过度或迅速切断与人的联结，退回自己的保护壳里。

我们可能在人际关系里会一再感到被抛下或被排挤，就是小时候那种不曾被关注的感受使然，在后续的人生中产生了更多受伤的感受，进而为自己贴上不擅交际的标签，深信自己每次进入新团体都一定会被排挤。

也就是说，日后我们在人际关系里，还是有可能遭遇到被排挤或被抛下的情形。当我们无法安抚或面对这种感觉时，就会不自觉地想逃离当下的情境，或者过度解读一定是自己做错事而被讨厌，开始变得战战兢兢、步步为营。殊不知，可能他人只是有所疏漏，或者是因为我们过度自责而不知不觉在人际关系里消失所带来的恶性循环。

在我们意识到伤痛，可以去碰触脆弱后，就不会因为不安和孤单而阻碍我们正常的认知活动。

所以，亲爱的，我们过往的某些经历都等待着我们去细细检视与释放其中的伤痛。当我们可以与“内在小孩”对话时，僵住的恐惧与孤单将重获新生，我们便不会一直反复受伤，而且更能感受生活的平衡与自由。

父母也如小孩受过伤

当我们还是小孩时，我们非常脆弱，也很难明辨是非，更因为能力受限而需要依赖他人，所以更容易受到伤害。

每次谈论的“内在小孩”，其实就是返回自己内在的“家”，与“内在小孩”讲话，聆听“内在小孩”，抚慰与照顾“内在小孩”，而不是将关注一直放在他人身上。

“我觉得很生气，那天我提着行李，外面又下着大雨，我在乘车之前打电话给我爸，跟他说我几点到车站，要他来载我，他只回我说：‘哦，你要回来就回来啊！’我听了觉得莫名其妙，所以到底要不要来接我呢？结果，到了车站后，果然人影都没有，车站又很偏僻。我又打了一次电话给他，他对我说：‘啊，你到车站了啊？那你应该知道怎么回来吧！你就自己想办法解决啊！都这么大了。’”你的表情带着愤怒与受伤。

“我到现在还是不知道，他究竟为什么要这样对我。我不可能从车站拎着行李去等不知道什么时候才会出现的公交车。我家真的很偏僻，没去过的人很难了解。而当时，我也不可能走一段路再去拦车，只能坐上车站旁贵得要死的出租车。我当时明明还只是学生！”我看见你眼中开始流泪。

“你很难过，在你需要他帮忙的时候，他却缺席了。”我对你说。

你流下眼泪，越发感受到内在涌现出一阵又一阵的悲伤与心痛。对你而言，这似乎一再发生。

亲爱的，在我们的生命里总是有几段这样的经历，你渴望父母的帮助，或你感受到自己的脆弱与无助。当你需要支持和温暖时，却被冷冰冰地拒绝，他们强迫你长大，独自去面对困境。你除了感觉到孤单，甚至还有被忽视跟被抛下的感受。

这种背弃来自父母，会让人耿耿于怀好些时日，有时候甚至是一辈子。你发现，你所压抑的感受包括显而易见的愤怒。这让你很难释怀，你要自己不去多想，可又无法忽视内心的委屈。

“其实有人说我太计较了……也有人说，为什么我这么依赖……更有人说，这有什么嘛！我听了心里更难过。我只希望有人可以真的懂我。”你有点儿无奈地说着。

其实这些纠结与无奈需要被疗愈。当我们负面看待这些纠结，同样以他人的眼光看待自己的感受时，除了会否认、压抑情绪，还会为自己的愤怒感到羞愧，但你需要的是疗愈自己。

在这里，分享给大家《和好：疗愈你的“内在小孩”》（自由之丘出版）一书中所使用的“观想五岁小孩”

的练习。你也可以通过正念的方式，与“内在小孩”同在，在吸气与吐气中，感受他的存在。在一个舒适的不被干扰的环境中放松身体，并对自己说这些话：

（吸气）我看见自己是个五岁的小孩。

（呼气）我对内在的五岁小孩和善地微笑。

如果你意识到五岁的自己曾经有受伤经历，可以提取事件中的画面和小孩，通过正念去接触他。同样地，在刚才的故事里，也可以通过正念协助疗愈当时的伤痛。

（吸气）我在车站看见那个伤心的小孩。

（呼气）我对伤心的小孩和善地微笑。

在呼与吸中，去感受伤心、纠结与痛苦，让自己流泪或放声大哭都没关系，并且在呼与吸中释放情绪。

当你让自己释放情绪时，也许就不会那么纠结为什么父母会这样伤害你，或者无法理解你。也许你仍有许多不解与困惑，慢慢地，你将能从疗愈自己伤痛的过程中看见：不只我们自己，我们的父母也如小孩一般受伤。

如果我们没有转化内在的痛苦，可能会传递痛苦给自己的父母。他们和我们并非分离的个体，我们是他们的延续。而你的疗愈和转化会让你开始懂得，曾经脆弱无助的父母不会是我们攻击和防卫的对象，而是需要我们协助的人。

然而，你并不一定有力量立刻修复关系和帮助父母，而是用相同的方式去联结父母的“内在小孩”。

在你疗愈自己与释放伤痛的同时，可能开始意识到，过往你听说过的父亲或母亲的故事，那些令你难以置信又令你心痛的故事也曾发生在他们身上，但他们未能有机会去疗愈和转化。

如果你能够了解，父母作为五岁的小孩一样脆弱、容易受伤，了解他们有时的隔离、粗暴和不可理喻是因为年幼时也同样被如此对待，便可以对他们心生慈悲，而非愤怒了。

练习：

（吸气）我看见父（母）亲是个五岁的男（女）孩

（呼气）我向那个五岁的小孩——我的父（母）亲微笑

四步走上回家的路

也许你读过《论语》，我对孔子所说的这句话一直印象深刻：“君君臣臣，父父子子。”

这意思是，君要做仁君，臣要做忠臣，父要做慈父，子要做孝子，延伸至夫妇、兄弟、朋友，各有其应该遵守的伦理，此即五种人伦之教。

我们的成长背景都深受儒家思想的影响，但并非每个家庭都做得到，因而常有人说：“家家有本难念的经。”

那么，我就拿其中一本经来说说吧！

小琳是个美丽的女士，有一个可爱的女儿，但小琳有个“不检点”的母亲，她母亲也没有尽到母亲的职责。小琳是被父亲一手带大的，她从小回家就不见母亲的身影，也一直恨母亲偷交了男友后就连家也不回。

她总是得不到母亲的照顾呵护，因为母亲眼里只有爱情，只有新鲜感。只要有新的男人，母亲就更渴望从对方身上获得照顾，黏着新男友，直到分手才回家。可父亲仍开门迎接她，哄她开心。

小琳非常恨，明明母亲已经五十多岁，还当了外婆，为什么还这么不收敛？由于自身的成长经历，小琳非常疼爱女儿，极尽所能地给予一切，并且避免女儿与她的母亲接触。但小琳渐渐发现，女儿并不快乐。因为她给的太多了，女儿甚至抱怨，为什么不能跟外婆在一起？用心良苦的小琳感到非常受伤。

终于，在心理成长的课程里，小琳逐渐看见了过去没看见的母亲：生长在贫穷又多子的大家庭里，男尊女卑的观念加上母亲的表现并不特别优秀，令她从小就被忽略。

长得漂亮的母亲也渴望多一些物质可以来打扮自己，但一直没有被满足。而小琳的外婆则是苦于养家，更苦于在家族中取得一席之地，根本没有好好关注这个女儿。

其实，小琳的母亲没有真正长大过，一直是极度渴望被爱与被照顾的小女孩。我们都以为小孩长大了很多事情自然会懂，但没有人真的教会小琳的母亲怎么照顾自己，所以她更不懂得如何照顾小琳，也无法当好一个母亲，给小琳带来许多失落和对母亲的憎恨。

小琳之所以对女儿过度宠爱，就是为了弥补过去自己没有在母亲身上感受到的母爱。

亲爱的，你是否怀疑过自己是不是父母的小孩？如果是亲生的小孩，又为何这么不受重视？你生气、愤怒。而当你对父母怀有这样的情绪时，是否想过你的父母怎么了？

在不被重视的家庭中成长的小孩，如果不曾有机会逃脱，或者重新学习，自然会成为不晓得怎么重视小孩的父母。所以，“当好父母”这件事，是很困难的。

然而，我们终究要学习的是，转化对父母的情绪。你一定不相信，你对父母的情绪终有一天会成为你的小孩对你的情绪。就如上述，小琳气母亲有外遇，女儿则气她凡事都要管，凡事都设限。小琳的情绪持续在家族中流窜，直到她愿意面对与转化为止。

亲爱的，“回家”这条路一直都很难走，但我们没有别的路可以走了，而走下去的力量来自我们身上。我知道有时会不想做，或者越走越愤怒，感到不甘心，但你并不孤单，而且你很勇敢地承认你一直以来认为的疮疤，或者令你觉得羞愧的家庭。这股力量在觉醒之后，会带给你轻盈且崭新的人生。

如果你发现你有这些迹象，可以试着这么做：

1.“当自己的父母”：你一定觉得很荒谬，但简单来说，是学会像你渴望父母照顾你一样地来照顾自己。如此，你才有力量去爱，去原谅他人。

譬如，我从小就嗜睡，总是一再按掉闹钟，直到我觉得真的睡够了才愿意起床，但每次起床我就深感罪恶，一直责怪自己，觉得很不自律。在学习心理学的过程中，我才意识到，原来我内在有严格高标准的管束，像严父一般训斥我。当我意识到后，开始思考，我究竟希望什么样的声音叫自己起床呢？

后来，我开始练习用温暖的母亲的声音叫醒自己，用一种温和又充满理解的声音，比如：“昨天你工作十个多小时，一定很累，再睡一会儿吧！”而在这个过程中，我体验到内在的支持，却同时面对内在矛盾，因为训斥的声音也会随后出现：“赖床就赖床，这么多借口！”所以要持续当“温暖的母亲”并不容易。

当我们愿意对自己持之以恒地传递温暖时，将有办法累积足够的力量，在爱和包容自己的过程中也学会去爱别人。可是，如果我们对自己都无法温和，又如何对他们温和？

2.“理解父母”：从他们的成长经验中去理解他们，带着慈悲与宽容，看见他们的痛苦。

无法温和地对待我们的大人，往往内在也有个严厉的声音控制他们，有时候并非他们不爱我们，而是他们认为严厉也是一种爱，但这却阻碍了我们对爱的接收。当我们感受不到爱时，会有很深的痛苦和怨恨，便很难对自己给出爱或响应父母。若我们能够从自身出发，看见爱自己的过程中所遇到的困难和障碍，就能深刻地理解父母。同时，我们也可以从自己的成长经验里，去体会父母成长经验的匮乏。

3.“爱与原谅”：在觉察与理解之后，带着这股力量去爱你的父母，原谅他们的忽略与失职，看见他们的有限，并理解这一切行为背后的心理状态。我们在心中可以达到这个层次的和解，很多情绪就得以升华，转化为爱的力量，去滋养身旁的人。

4.“欣赏自己”：欣赏与感谢自己这么努力地生活。

“没有一种觉醒不带着痛苦”。荣格这么说。往往是成长和生活里累积的痛苦，让我们必须在痛苦中调整。而觉醒的过程，需要自己对自己的支持和陪伴，因此欣赏与感谢自己，看见自己努力地生活，也努力地面对议题，是不可或缺的一环。

Lesson 4
阻碍认知升级的根源

当我们感觉被理解时，

会有更深刻的与人联结的感受，

感受到内心的踏实和安全。

理解建构出的，

是心灵上的富足感和安全感。

“被疼爱”与“被理解”的经历

<<<

请就以下三个问题，在记忆中搜寻让你印象深刻的经历：

1. 你是否能找到被人“疼爱”与“理解”的经历呢？

2. 有哪些人给予你这样的经历？

3. 他们分别做出什么样的行为，让你感受到“被疼爱”与“被理解”？

我们都在大人身上学会如何对待自己

生而为人，我们都渴望着爱与归属感，在小时候尤其需要，因为我们必须通过大人的给予来保障生命安全。我们都在寻找一种被爱的感觉，或者感觉有人是我们可以依赖的。

在我们早期的生命经历里，获得“被爱”“被关心”的感觉其实很重要。因为，它是孩童时期安全感的来源，某种程度上也塑造出我们是什么样的小孩，以及我们对外在世界的感受。

当我们可以轻易地提取“被疼爱”与“被理解”的经历时，自然会认为我们是有价值的、值得被爱的。所以，如果在关系互动当中被伤害，我们知道有个“家”可以随时回去，那里总是有支持和爱着我们的人，而不是待在消耗自己的关系里继续受伤。在这样的环境下成长的小孩，其实也比较能够容易信任身边的人，或者相信环境是友善的，容易建立或者拓展生活圈。

有些人在工作坊中会感觉自己很难回答这些问题。就是在这种时候，他们才忽然意识到自己“被疼爱”与“被理解”的经历有着很大一片空白。

他们感觉自己在家族中往往不受重视，或者令他们感到愤怒的是家人不懂他，甚至对他充满误解。因为感受不到被爱，便转而在亲密关系中寻求认可与支持。当身边有人释放出爱意与关心时，就轻易陷入爱河，不愿意去看见关系中的不适合或具伤害性的关系模式。

当然，有些人并不容易打开自己与人联结。尤其在他们早期经历里有过被忽略或与大人相处有受伤的感受时，他们对人就更加难以信任。他们表面上看似独立自主，实质上是不允许依赖。一旦与人建立关系，他们就会依赖关系，并满足他们所有身心的需求。简单来说，他们会将亲密关系视为生命的重心，不断绕着关系中的另一个人转，而使关系失衡，或者让另一半对自己予取予求。

爱与归属一直都是人的基本需求，当我们无法从家庭获得时，便会在爱情里索取滋养，或者在工作方面追逐成就。而这不外乎都在寻求一种群体的归属感和认可感，知道自己在哪里可以获得价值、在哪里立足。因此，在爱与归属的需求满足上，我们很容易会发现，只要个人感觉匮乏，男性倾向寻找工作的认同和权力感；女性则倾向寻找关系中被需要与被照顾的感觉，却忽略了自己在匮乏追寻的过程里身心已经失衡。这种“被疼爱”与“被理解”的经验若是匮乏，会影响到我们的安全感，进而在工作或情感上过度付出，并且消耗自己。除此之外，这些经历通常会内化成我们对待自己的方式。

家庭塑造我们的人格，同时也教会我们面对自己的方式。在“被疼爱”的选项里，许多人的回答往往会是家人，包括父母、兄弟姐妹、祖父母、丈夫等，或者有人会回答男女朋友等。而在行为上，觉得“被疼爱”通常会是嘘寒问暖、生病时的陪伴照顾、出去玩、提供安全保护，或者更多的是被喂食的经历，举凡身体层面的照顾或安全保护等，其实多数的家人都会提供照顾，让我们的身体在安全无虞的环境中成长。

而在被“理解”的选项里，回答“家人”者就相对少许多。多数人会回答的是朋友、长辈、老师或另一半等，极少数人回答母亲或手足等，因为“理解”代表的是心理与情绪层次。

当我们感觉被理解时，会有更深刻的与人联结的感受，感受到内心的踏实和安全。因为这些理解的行为有：包容、接纳、理解不批判、支持。那是一种不论你是什么样子我都包容你，也是一种我懂你正在经历的困顿，并且我愿意支持与陪伴你，而不是让人感觉孤单和无助，从而可以更有信心和力量来面对事情。因此，理解建构出的是心灵上的富足感和安全感。

其实，这也说明了许多家庭会用物质宠爱小孩，但并不一定能让小孩有安全感。

在小孩哭闹时，父母通过物质和喂食来安抚小孩，却没有去理解小孩的情绪，这样依旧会使小孩感到心灵空虚。而这样的小孩长大后也经常通过“空心消费”来弥补内心的不安，或者借着不断进食来增加控制感。他们内心的失落，往往是很多人无法理解的，只是因为他拥有了许多让人欣羡的外在生活。

真正懂得“爱自己”，才能拥有安全感

究竟这些被人“疼爱”与“理解”的行为如何内化成我们的一部分呢？为什么很多人会说“我家人对我很好，可是他们都不懂我”这样的话？

还记得，在我小时候，我是家族里很受宠的人。母亲这边的亲戚中男丁旺盛，只有三个女孩，表姐们都大我十多岁，我是最小的，是外祖父心目中的小公主。每一次只要我开口，他就会买好吃的东西或亮晶晶的贴纸给我，让我感觉他对我的重视与疼爱。但我知道，他的疼爱里并没有“理解”。或者，这对他而言其实是困难的，我也不奢望他能够懂我。

后来，我意识到，遇到心情很糟的状况，我就会开始通过物质来满足自己，或者不断上餐厅吃美食。虽然我明

白自己在“空心消费”，但就是无法停止那样的行为。因为，我需要通过消费的刺激来暂时填补内心的空洞。我一直以为，那是爱自己的方式，却无法忽视在付钱那一瞬间过去后，内心依旧涌现的空虚感很可能让我持续购物，直到我的财务出现危机为止。

“爱自己”这几个字近年来风行，却经常被人误解。很多人觉得吃好用好，就是爱自己，但这的确也是承袭自我们被人“疼爱”的经验里的内容。我们曾经在这些物质的供给上感觉到被爱，不过这些爱自己的行为却无法真正带来内在被爱的感受。

更多的情况是，我们经常“爱完自己”后，看着账单，心中油然而生的是——我怎么这么不节制？怎么这么爱花钱？怎么这么糟糕？而这些自我批判的话语，经常是来自勤俭的父母眼中的我。因此，我一面用我所知道“爱自己”的方式宣泄情绪，一面内在父母曾经批判我的声音重复播放，我又陷入心情低谷的循环里，不会真正地爱自己，或者舒缓令我困扰的情绪。

相信说到这里，你们更能体会“内化”是什么意思，它又如何在我们生活中发生。我们非常容易将主要的照顾者或者对我们深具影响力的长辈的声音与行为，内化成对待自己的方式。

前面提过，曾经有个母亲带着十岁的小孩来找我咨询。因为小孩在过去一年一直有情绪上的困扰，特别是晚上睡觉时，会想赖着母亲睡觉。母亲很担心，在小孩一开始有情绪困扰，就找了心理咨询。咨询师通过画画、游戏等方式，已经有效地让小孩的情绪平稳下来，且状况不恶化。然而，小孩仍是依赖着母亲。她还有个七岁的妹妹，原本两姐妹睡在同一个房间，但因为姐姐跟母亲睡之后，妹妹也开始吵着要跟爸爸睡，两姐妹的行为也影响了夫妻关系。

之后，我看到小孩的特质里的依赖性，以及对情绪的敏感。而在不考虑家庭关系的情形下，我问了她母亲，有没有试着跟小孩讨论：“当你觉得害怕的时候，你可以怎么办？”

母亲愣住了，她是个相信并尊重专业的母亲，所以在第一时间就让小孩接受各种治疗。其实小孩最信任与依赖的，还是父母或其他主要的照顾者。如果父母可以在小孩情绪平稳的时候陪同小孩讨论，更重要的是让小孩知道：母亲并不会一直陪在身边，而一个人的时候可以怎么办？要不要试试看心理老师教你的画画来陪伴自己呢？

母亲可以在小孩的情绪上给予理解和支持，也可以陪伴小孩探索，找到小孩能够运用来陪伴自己的方式，这会让小孩一生受益，也很容易内化成小孩对待自己的一种方式。

然而，小孩的许多行为和情绪是反映家庭关系失衡的显影剂。当母亲做了这些仍旧无效时，她便要回到“家庭关系”这点来探讨，而不单就小孩特质本身了。

对于无法提取任何被人“疼爱”与“理解”经历的人，他们往往需要通过生命中另一段信任与深度联结的关系，重新建立起个人内在对自己的爱。

因为，当我们在生命早期总是被拒绝与被忽略时，自然会以相同的方式对待自己。不曾感受被疼爱，就会一直在亲密关系中寻找被爱的感觉，造成有些人对关系执着、放不下，或者通过不断讨好另一半来感觉安心，以为只要付出得够多，就能有被爱的保证，结果在爱里经常失去自我，也会失去吸引力。

同样地，当被理解的经历太少时，人就很难对自己的情绪、行为有足够深刻的理解，难以理解自己为何愤怒、为何悲伤，也无法有力量陪伴和支持自己。所以，在自己出现不舒服的情绪时，常常通过他人来索取；或者不断指责与批评自己的软弱，更强化对自己的负面观感，这就如同早期感觉自己不被理解和被晾在一旁的感受一样，有种“丢掉自己”的想法。

亲爱的，请先通过你对疼爱与理解经历的探讨，让你对早期被爱、被关注与被理解的感受有初步理解。接下来，深入其他生命事件，探讨你自身的安全感。

让伤痛成为养料

<<<

自我探索的方式：

1. 先画下一条直线，标示你的出生与现在的年龄，以年龄做分野。

2. 请写下从小到大有记忆以来让你产生不安、痛苦等强烈情绪的事件。

3. 情绪强度越高，线就画得越长，在旁注明事件以及脑海中闪过的关键词。

4. 避免交谈，允许自己在过程中有任何感受。

请就这四个指导语，在一个安静不被打扰的空间、时段里画出自己的生命轴，并且写下你的生命事件。

对生命事件的探索，一直以来都是心理成长与自我探索中最常使用的一种方式，让人可以很快地看见整体人生的经历，并在回顾的过程中了解生命延展的脉络，甚至看出一个人性格形成的过程。

很多人在绘制时间轴的过程中，开始会有很多的情绪涌上，顿时发现过往积累很久的心情在此时释放出来；也有人开始有很多顿悟，惊讶地发现原来自己从小就无法信任别人，更别说在亲密关系中总是怀疑对方或挑剔对方；有些人则会明白，对自己的厌恶感与早期被羞辱与被责打的经历有关。

在此，我收集了两个工作坊中的学员范例，将他们的探索过程逐一解析并分享给读者，希望读者可以从他们的故事中获得启发。

案例分析

A 男来自一个父亲会施暴的家庭，从小不断经历父母激烈争吵的情境，这让他在成长的过程里备受压抑、痛苦和孤单。他在家中没有足够的支持与关爱，上学时被家人欺骗，降低他对人的信任感，他开始对人冷漠并保持距离，而在学校的人际相处也跟着出了状况：被排挤、被霸凌等问题，影响了他的人格和自我发展。

我们可以看见，他的早期经历限制了其情绪的表达和发展，他经常觉得自己不能有声音，也不一定有掌控权和自主感，因为有专制且暴力的父亲。他可能为了母亲开始变得乖巧，同时也压抑自己的愤怒。除了家中权威不允许，他也痛恨父亲的愤怒，这影响到他无法好好与自己建立联结。

母亲对 A 男很好，却无法保护他。在他需要依靠时，却被迫独立，因而他觉得，即使自己有父母，仍要靠自己去找寻答案。他会经常感觉缺乏归属感。年幼时，家中的争吵让他的内心无法建构起稳定安全感，觉得家似乎随时会解散。小学时期的排挤令他感受不到来自重要的同侪给予的归属感，甚至就学时经常被要求到更远或不熟悉的地方，加上感觉被欺骗，他体验到一种情感与信任感的断裂。

虽然在十一岁时感觉到有转折，因为自己外形变得讨喜、成绩变好，觉得被世界注意到，但他开始认为，自己需要很努力才会被接纳与认同。

情感断裂与不安全感让他特别渴望爱情的归属，他需要一种深刻且紧密的联结来让自己感觉被爱，弥补没有被家人爱的空缺和遗憾。由于觉得自己需要很努力才会被喜欢和认同，他更容易在关系中牺牲自己以讨好别人，到后来还是因为爱情的离开感到内心破碎。

A 男在探索时间轴时开始意识到，让事件重复发生的元素是争吵与暴力下那种对孤单与情感的克制。他必须收敛起情绪与他人保持距离，却又因为孤单而渴望与他人联结，在生活中的各个层面，他很努力地寻找认可与渴望被爱，直到几次重要的亲密关系破裂，他才停下来重新审视自己，学会打开自己，释放情绪，与之共处，看见那个孤单的小孩，练习安抚与保护自己。

案例分析

B 女从小因为莫名被赶出家门的创伤经历，以及母亲在身体健康的情况下却说自己快死掉的这份记忆，让她一直有危机感与不安感。她害怕自己被遗弃，也害怕母亲真的去世而抛下她。

同时，自己观感中的父母也容易受他人影响，甚至有脆弱或无所适从的感觉，加上从小因为自己是大姐而被连坐处罚，使她经常受到委屈都不能说出来，即使说出来也可能还是会遭到处罚。因此，她在外面遇到了勒索和骚扰只能往肚里吞，经常默默承受很多事情。

从小最容易出现的情绪是无助与害怕，这让她在面对很多新事物时，常会感到强烈的不安，日子过得非常谨慎，她也善于察言观色，并且战战兢兢地做好每一件事情。

由于深知没有后援协助和依靠，很多事情只能靠自己完成，她要求自己要把事情做到最好。没有获得肯定与夸赞，又因害怕被遗弃的感觉，她经常过度付出与牺牲自己，忽略自己的需求，在关系中被剥削、被占便宜。

因此，B女在探索时间轴时开始意识到她让事件重复出现的因素有莫名被处罚、被遗弃等，而带给她重复情绪的则是无助和害怕，这让她必须在生活中绷紧神经，并且谨慎地讨好或安抚身边的人，最后造成关系里失衡的困境，带给自己身心上的失衡，甚至失去对生命的希望。她最终懂得让自己停下，重新审视自己，也回头照顾那个不断付出又渴望获得认可的小孩。

个案自述：

大概八岁时，表姐有一次量血压意外发现我的血压好高。她立刻跟我妈说这件事，但我妈只说："小小孩血压本来就比较高……"

而初中有了升学的压力，我每天照样三餐流鼻血，一流就是半小时。看耳鼻科找不到原因，医生推测是鼻腔皮肤薄，所以容易破，没办法治疗。

直到初三，我时常头痛到受不了，医生检查发现是高血压，但检查不出原因。所以，从初中起，我就开始服用降压药，流鼻血的次数虽减少许多，但血压一直无法控制在正常值。进入职场后，每一次体检血压也都是红字。

三十三岁时，我接受了心理咨询，开始理解这一切，也接触到“内在小孩”等课程。十月份的公司体检，是我第一次血压为标准值。以前即使吃过降压药也还是红字，但这次却不同了。

通常降压药剂量只会越来越高，但我却能开始减少剂量，医生也觉得不可思议。

进一步自我探索的方式：

1. 请找到你信任的朋友，说出你生命的故事。（记住：听者只需要专心地聆听即可，不用给任何意见，让说者可以在过程中自由地探索自己，轻松地说故事。）

2. 在你的生命事件中，是否有些事件有重复的因素？

3. 你最常出现的情绪是什么？

4. 你是否看见这些事件和情绪如何影响你与人相处的模式？

请就这四个指导语进一步探索。如果有人陪你一起讨论，他除了倾听，可以帮助你挑选出他所看见的重复的因素，还可以帮助你深刻地意识到情绪。如果你想要自己探索，那请在每一个生命故事的述说里多停留一点时间，去感受说故事的过程中是否有其他情绪冒出来，并详细记录下来。

在工作坊中，我常会邀请成员去帮其他伙伴“补情绪”，也就是补充当事人没有经历完或感受到的情绪。

有时候，我们会经常为一些事情感到难过，有人则会感觉愤怒。这很有趣，因为我们所遗失的情绪很有可能是疗愈的关键。而遗失的情绪往往与家庭文化有关，可能大人以权力让小孩不能生气，小孩只能满腹委屈和难过，难以说出自己的声音与感受。

愤怒的功能在于，可以发声与捍卫。而失去保护力的小孩很容易在同一件事里跌倒、受伤。在一般的经历里，“愤怒”是最容易被遗忘或不敢展现的情绪。当我们没有在事件中充分体验完情绪，或是没有让因为事件引起的情绪排解完毕时，它就会阴魂不散地在我们身上徘徊不去，让我们每次想起对某一段经历都会有“放不下”的感受，因为你的情绪卡在事件中了。

例如，有些人在回想起分手时，心里会有很强烈的失落感、委屈与伤心，并且充满了纠结，自责如果当初自己再多做一些、再温柔一点儿，事情也许会有挽救的余地。

然而，我们看见当中遗失的情绪往往是“愤怒”时，就会想：到底有什么好愤怒的？愤怒对方不跟自己在一起，或者愤怒老天爷这样安排？……这些都是愤怒的形式。

当我们没有表达出自身的愤怒时，愤怒就会向内开始自我攻击或否定自己的价值，化为强烈的自怜与自怨自艾。若愤怒可以被指认出来，允许我们自己对分手感到愤怒，或者对生命安排感到愤怒，情绪就会流动，事情才有机会真正地被放下。

关系向来都是共构的，你的反应会牵动他人的反应，再次影响你的行为，进而衍生出一系列关系的互动。因此，当我们看见自己在关系中的模式时，比如一个无法生气的人，或者早期经历中影响我们的情绪和因素，将有机会改变我们面对关系的态度，无须因为不安全感而害怕失去关系，或在关系中委曲求全。

当我们在探讨“重复”的主题时，其实会发现，重复发生的事通常是要我们学会面对，以及处理生命中的课题，它会以相似的情境和情节来挑战我们，让我们出现相似的情绪。如果我们没有学会，就会陷入循环中，直到我们的痛苦积累到觉醒为止。

在生命事件中，有几个类型很常见，也让很多人深受困扰。下面就让我们来看看重复事件所带来的影响有哪些。

1. 分离或遗弃

小时候体验到分离时，会让小孩感觉到被遗弃，例如：父母离婚、宠物死亡。小孩在当中会体验到失落、伤心与恐惧，害怕会有更多人不见，或者伤心自己会被留下来，也可能因原本家的样子不存在了而感到失落。这些对小孩来说，是既强烈又不知道如何面对的感受。

曾经有个女孩告诉我，从小到大她一直有适应环境的困难，经常感觉自己好不容易适应了环境，又要被迫离开。而在探索的过程里才发现，她小时候由祖父母照顾，直到六岁左右当父母经济宽裕后，才把她和姐姐接回去。

她跟着不熟悉的父母在一起，即便知道父母很开心看见她们姐妹，心里也因为陌生而感到恐惧。她原本的安全感来自祖父母，却在那时被迫断开。在她心里只剩下姐姐是唯一熟悉却不一定能保护她的对象。这样依附的断裂感，让她开始觉得世界充满危险，且有着不信任感。当时没有人可以理解她的害怕和失落，因为所有人都认为，她理所当然地回到家里了，这应该是一件开心的事。

自此，她总是容易体验到分离，好不容易适应环境之后，周围又换了一批人。由于失落一直是她无法面对的感受，在别人认为正常的换班级、毕业等成长中必经的道路上，她都觉得特别焦虑且无助。

这样往往会为个人面对关系时带来两种可能性：一种是害怕失落感出现，而对关系紧抓不放，以为只要一直有人陪伴自己，就不用承受失落。当然，也可能通过同时拥有多段关系来避免联结感的断裂，而这样很可能在关系中感觉到自我的混乱，因为“失落感太可怕了，我不要独自面对，最好不要感觉到它的存在”。另一种则是被失落感击溃而出现无助甚至无望的状态，对关系感觉可有可无。他们已经有了“反正不管怎么样你们都会离开我”的想法，很容易在关系中让人感受到难以突破的心理防线。

面对这种情况的不安全感，需要回到最初的分离或感受到被遗弃的情境里去好好安抚那时候受伤的小孩，陪伴那种强烈的悲伤和失落，逐步让自己清楚小时候的生活已经回不去了（以上述的例子来说，就是无法再回到祖父母身边生活）。

我们释放过往的痛苦，才能有办法看见“现在”，看见一直以来陪伴在我们身旁的人，重新看见他们对自己的付出，并且重新肯定自己将会是接下来陪伴自己面对环境变动的那个人。

2. 冲突或冷战

大人之间的争吵，还有他们脸上的表情和情绪的展现，对小孩而言都是巨大的冲击。有的小孩会在这个过程中觉得自己有责任要做些什么，而有的小孩则是躲得远远的。

觉得自己有责任介入大人之间的事情的小孩，往往会成为父母之间的桥梁或传声筒，试图安抚大人，而不自觉在关系中变成“讨好”的角色。因为，他会害怕父母争吵后两人分开，而他必须选择其中一个人，且对于即将发生的冲突感到焦虑无比。所以，避免冲突最快的方式就是不发出自己的声音，或习惯妥协。

不过，这并没有创造出幸福的关系，反而在关系中委曲求全，容易看不清自己的价值。这是由于他们很容易在自己扮演的桥梁角色中看见自己怎么样都无法停止父母的争吵与矛盾，因此容易自我否定。

另外一种不介入父母事情的小孩，也许曾为介入过而深深感到无助，或厌恶自己的无助而想要保持距离，不再涉入家庭事务。

虽然表现出疏离，但这在心理学上其实也是出于无解的情绪纠结，而尽量避免接触。这样的小孩在关系中容易与他人保持距离，将人隔绝在外。因为他们内心害怕再度受伤或接触到自己无助的感受，也会厌恶在关系中的自己或对方有情绪波动。往往情绪的张力一产生，他们就会想要逃避或退出关系。

很多人为人父母后，在自我探索中越发焦虑。这是因为他们更深刻地意识到，原来童年的伤痛对自己的影响如此深远，他们开始反思自己对待小孩的方式，进而有了很多自责与担忧的感觉。

可是生命的安排里有些必然的伤，是我们也是小孩需要去经历的。而受伤并不全然会带来脆弱，有时可以带来成长，或是因个人自我中心的感受破灭而带来转化。例如：不断被宠溺的小孩，发现父母无法满足自己所有的需求时，一开始会因为被拒绝的受伤感而愤怒或暴跳如雷，到后来开始开启感同身受的能力，也转为自己对他人的友好态度。

因此，有时候，在我们的生命里，伤痛的来临或许让人措手不及，但也教会我们许多事。只要我们愿意去感受、愿意去探究，都可以成为成长中的重要养分。

在下一个步骤，让我们一起更深入地解读时间轴上的每一个重要事件，让它们在被理解的过程里不再是生命的负担和累赘，而是丰富生命的养料。

解读重要事件

自我探索方式：

1. 挑选时间轴上一件你想要深入探讨的事件。

2. 你觉得当时的大人怎么了？他们的想法、心情、情境如何？请尽可能描述与感受他们的状态。

3. 你当时的心情、想法、感受如何？

4. 你现在的心情、想法、感受如何？

请就这四个指导语，让自己在一个安静不被打扰的空间和时段中去深刻地思索与体会自己与大人的状态。

当我们完成前一步骤的生命轴绘制，深刻地体会我们生命事件中痛苦的感受后，下一步我们可以在伤痛释放后，重新思考和解读我们的伤痛。

这样做的主要目的在于，帮助我们换位思考，以及拓展当时的觉知、经验和脉络。有时候，当我们深陷在自己的创伤和痛苦时，是看不见他人的痛苦和为难之处的，因此我们陷入对他人的指责和误解里，进而排斥、疏离他人，甚至用言语和行动惩罚他人。

我曾经遇到一个案例，一位三十岁左右的女性在工作坊中说到自己的故事：

她记得，小学一年级时，在客厅的小桌子上写家庭作业，写着写着开始觉得无聊（小学一年级的小孩注意力很难持续太久），看见桌子旁的电视遥控器，想也没想就拿起来按下“ON”，转到卡通频道。

这时，在厨房忙碌的母亲听见电视机的声音，一手拿着锅铲，一手拿着菜刀从厨房里冲了出来，对着小女孩歇斯底里地怒吼。

“我当时真的很害怕，没想到看电视会让母亲这么生气。而且，我好怕她失控时菜刀会往我这里飞过来……”她描述当时的画面时，余悸犹存。

小女孩赶紧关掉电视，继续写自己的功课。而发完飙的母亲进入厨房后，仍发出剧烈的厨具碰撞声，小女孩颤抖地写完功课。

她回忆起这一幕，眼泪在眼眶里打转。她感觉，每次回忆起这一幕都令她痛苦，不知道自己做错了什么。似乎是从那时开始，她觉得母亲捉摸不定，想靠近母亲却又害怕她的情绪，看见她的辛苦又觉得自己无法帮上任何忙，只能认真独立地完成自己的事，但一直觉得自己没做好，又要惹她生气了。这就是一件受伤又让人印象深刻的事件，得以逐渐塑造出个人的自我概念与自我价值。

接着，在探索的过程中，她惊讶地发现，其实当时家庭成员的组成与后来有些不同。她记得，小时候上幼儿园时，家中只有爸妈和哥哥，但到了小学，多出了祖父母。而祖父母一直都很疼爱她和哥哥，所以她很喜欢跟祖父母相处。

不过，当祖父母来了之后，父母开始变得不怎么亲近，甚至母亲也没有和他们同桌吃晚饭，但明明是母亲做好了一桌的饭菜。

她逐渐意识到，祖母有时会在她面前有意无意地说母亲的不是。而小小年纪的她，心里因此种下了对母亲排斥的种子，害怕母亲，也不愿意靠近母亲。

她一直都知道母亲有婆媳关系问题，而祖父母也在她小学三年级之后搬到大伯家居住。母亲嘴里总是念叨着，他们二老就是比较疼大儿子。心里有很多不平的爸爸则回避这个话题，或者有时会因此跟母亲大吵一架。

当她可以看得更清楚，母亲身为媳妇，而且还是不被喜欢的媳妇，加上家庭主妇的角色必须照顾好全家，又需要看好小孩的功课，肩负所有的责任却不被认同与理解，只有满满的压力和批评，她更可以理解，当时母亲的歇斯底里中，有多少辛酸和委屈，在家中承受的怨怼只能往小孩身上排山倒海地灌注。

她感受到心中有股暖流流动，在母亲的辛苦背后有其坚强和付出，也开始去清除祖母在她心中对母亲的评判，用更清澈的眼光来看待母亲。同时，她也能够停下来看看自己，停下总是怀疑自己、批评自己的声音，更停下来看见自己的认真和努力，拥抱内在受伤与脆弱的小女孩。

下面让我们来看看其他案例分析：

对重要事件的解读——A 男

◎发生什么事?

小学一年级、小学二年级时爸妈争吵剧烈。爸爸带我驱车离家，母亲甚至拿菜刀出来阻止，但被家中的保姆挡住。

◎你觉得当时的大人怎么了？他们的想法、心情、心境如何？请尽可能描述与感受他们的状态。

大人们愤怒，歇斯底里，失去理性，想分出胜负，无法消解的怨气，吵不过了，就用小孩宣示主权来取得胜利。一不舒服就是发动攻击（家里被当成父母的战场）。

◎你当时的心情、想法、感受如何？

害怕、无助、难过、惊恐、慌张，想要一个安全的环境，想要被安慰、被爱，想要有人跟我说“没事的，我会保护你”。我不知道这世界怎么了，好像瓦解了。为什么我的父母变成这么可怕的人？不知道该怎么办，谁能保护我？

◎你现在的心情、想法、感受如何?

遗憾、难过、不解、不能原谅，只有单纯对父亲生气（觉察到小时候那些感觉一直存在心中，无助）。

在 A 男的解读里，可以看见当时的经历还是让他感到强烈的冲击和对于爸妈争吵感到无力。大人的战火经常蔓延到他身上，身为男性的他被重视着，却也体验被大人争夺的痛苦，渴望被家人保护，但看见大人陷入自身的痛苦中而失去理智。

然而，我们总是容易同情弱者。因为父亲的暴力，男孩与母亲很亲近。母亲虽努力保护他，却仍保护不了。

父母激烈争吵与世界瓦解的经历，使男孩到现在还是感到一股情绪或情感的隔阂，难以深入自己与他人的世界。他夹在父母的冲突之中，心里也有激烈的愤怒和伤痛，使得他需要麻痹自己，并以理性来阻隔情绪，让自己感觉比较安全。

他身上的情绪除了父亲施暴的伤痛，还有目睹在父母争吵里母亲所承受的痛苦。两种痛一直持续发生和累积，不断强化他心中对父亲的愤怒，令他难以原谅父亲。

因此，男孩在探索过程中所经历的情绪起伏产生的矛盾和困惑，也是他在成长的路程上需要去面对的。唯有通过对情绪的感受，慢慢开启通往自己内心的旅程，他才有机会疗愈受伤的自己，才有能力体悟父母的伤，进而理解和原谅当时的大人。

接下来，在 B 女的解读中，我们可以接触到她内心的痛苦和创伤，深刻认识到她身上的不公不义，更感受到她当时被晾在那里的无助、渺小与羞愧。

对重要事件的解读——B女

◎发生什么事?

在排队玩游戏时，表弟插队。在家族聚会上，因为自己是最大的小孩就斥责姑姑的小孩（表弟），因此被母亲冲上来打了一巴掌。

◎你觉得当时的大人怎么了? 他们的想法、心情、心境如何? 请尽可能描述与感受他们的状态。

母亲：那是姑姑的小孩，又是男生，你居然选在大家都在的场合起争执！大家都在看我怎么管教小孩，这么不懂事！要做给别人看，免得被说闲话。

爸爸的前女友是姑姑的好友，所以母亲很在乎（有种不能输的感觉，要教好小孩、帮助老公），也觉得他们的看法很重要。而且对方又是男孩，更要小心。

◎你当时的心情、想法、感受如何?

不知道做错什么事，觉得很困惑。在大家面前觉得丢脸，也不知所措。接下来，我要继续玩，还是在旁边站着？但大家都视若无睹，像是没发生任何事般地聊天。我感觉自己是在不同的空间，被排除了，感觉讶异，感觉渺小，感觉自己不重要。

◎你现在的心情、想法、感受如何?

小孩很可怜，应该被理解。大人表现出不分青红皂白、不成熟与对孩子不信任，随意伤害小孩的行为，只为了自己的面子而生气。大人会觉得那是个表现他们自己的机会（表现出我会管教小孩的样子）。

同时，她也体会到，父母在家族中的地位，还有大人们的“历史”影响着他们在亲戚中对待小孩的方式。

她细致地理解父母的行为，看见在大人的武装和管教下他们的害怕与无奈；她也更细致地理解自己内在层层叠叠的感受，反而能更贴近自己的“内在小孩”，去深刻地感受过往的痛。同时，她也已经有办法在理解伤痛之后，给自己一个方向去面对自己。其实，她的内在开始有力量了。

在经过这个练习后，你可能会有以下几种反应。

1. 更为释怀

因为你会发现，在对事情进行分析与解读之后，你有机会从大人的视角去看待事情，从而看清他们在让你感觉受伤的情境里有他们无法抵抗的难处。有时候，这样做可以让你更为释怀，就如同“养儿方知父母心”的感受。

2. 更为怜悯

有的人在练习完会告诉我，他们突然感觉大人真的很苦，真的有他们不得已的苦衷。而自己怎么还待在这里感觉受伤，像是长不大的小孩，开始责怪批评自己。

若你有这种感觉，请注意，你可能掉入“比较他人与自己痛苦”的情境里。你需要去反思，是否总把别人的感受看得比较重？经常忽略自己的心情，忽略自己的痛苦，而让受伤的自己难以被疗愈。

当你能够怜悯自己、怜悯身边的人时，这样的爱才有机会持续流动。

3. 没有用

经过这个练习，有些人可能会感到挫败：“我就算这样‘分析’与‘解读’也没有用，我对他们还是有很多事情无法原谅啊！”或者，“这些事情我都知道了，但我还是很受伤”。

亲爱的，如果你有这种感觉，那是正常的。这意味着有些事件还是让你有很强烈的情绪，让你仍停留在原地。甚至你会发现，你从根本上抗拒去解读和分析有些事情。那让你受伤的感受过于强烈，而你需要去正视让你受伤的经历，让自己在受伤的感受中停留，它才有机会真正被疗愈。

记住，那些你抗拒的事，很可能会在探索时带来强烈的情绪起伏。因此，如果能够找到信任的人陪你探索和讨论，更能增加内在的稳定感和安定感，也更有办法深入地疗愈自己。

4. 理解自己

这个练习最重要的目的是增加对自己情绪的理解和包容。

很多时候，我们的伤痛消除不了，不只是因为我们无法原谅外在的人事物，更多的时候是我们无法原谅自己和对往事释怀。

当对事件的解读里多了我们对自己的心疼与理解时，这是疗愈非常重要的一环，我们会在疗愈不安和伤痛中，拓展我们对世界的感受能力，能够理解更多的伤痛，进而去理解那些让你感觉受伤的人。

其实心理咨询也是使用这些相似的问句来进行的，通过对受伤事件的讨论，一次次地深入感受自己与他人，在讨论里将你当时没有说出口的话说出来，没有流的眼泪流出来。然后，在这过程当中感觉越来越轻盈，下一次提起时，也会少许多纠结的感受。所以，你同样能通过这个练习去检视自己。也许，你会在对很多事情的解读中感到豁然开朗。

当你发现有些事你略过不愿解读，或者即使解读了也没有任何帮助时，你可以通过下一个阶段中的“‘内在小孩’冥想”来帮助自己，通过身临其境的方式重新看见与理解自己，再通过这份理解与心疼，好好拥抱与疗愈自己。

建议将以下冥想搭配音频文件一起进行（扫描 QR Code 或上 https://ruby.fm/mind_beauty/2 即可聆听。冥想时可自行搭配静心音乐，更能进入情境）。

“内在小孩”冥想

在进行“内在小孩”冥想时，可以让自己处在一个安静不被打扰的空间，放松自己的身体，摘下身上的眼镜、手表等，让自己尽量放松，可以让身体轻松靠在椅背或床头，但避免躺在床上（避免过度放松而睡着了）。你可以先为自己设定你想要回忆的事件和画面，或者就是轻松地顺着引导，进入画面。

以下是冥想的引导语：

深呼吸　吐气　再呼吸　吐气

每一次的呼吸　都让你更放松　更轻松

每一次的呼吸　都让你更自在　更安在

放松　你的身体

放开　你的思绪

轻松了　自在了

想象你的头顶有一道光环

从你的头顶　轻轻地　向下移动

光环所到的地方　你感觉无比轻松　放松

光环像扫描一样　来到你的脸部　脖子　肩膀

缓慢地向下移动　到你的手臂　胸口　到你的腹部　腰部　臀部

再慢慢来到你的大腿　膝盖　小腿　一直到你的脚掌　脚尖

你感觉光的扫描　从头到脚

你感觉无比放松　轻松

现在　你感觉自己走在一条黑暗的道路上

你踩着坚定平稳的步伐　一步一步向前走

身旁黑压压的一片　你依旧感觉安心　信心

你就是向前走

远远地　你看到远方有一道光束

你循着　这道光束慢慢地走了过去

走着走着　你距离光束越来越近

走着走着　你纵身一跳　穿越了光束　来到另

外一个世界

你看着周遭　你看着这充满了光亮的世界

远远地　你看见了小时候的自己

你就是远远地端详着他

他的头发　他的表情　他的五官　他的穿着

你仔细地看着他

这时候　你看着身旁的大人　你看着小孩跟身旁的大人互动着

你看着　在互动中小孩表情细微的变化　你都看见了

你看见　他们正在发生的事情　你都知道了

远远地　你看着他们的互动

这时候　你看见大人的身影逐渐变淡　变得越来越模糊

慢慢地　大人的身影　消失在画面当中

只剩下你　和小时候的自己

慢慢地　你朝着他走了过去

走着走着　你循着他的高度　慢慢地蹲了下来

你都看见了　你都知道了

你知道小孩身上发生的事情

你清楚小孩的心情

你了解他所有的感受

小孩看着你　你看着小孩

现在　你可以对小孩说任何你想要说的话

你看着小孩　在你说话的过程里　脸上细微的变化

你心里头　有好多好多的感受

现在　你可以对小孩做任何你想要做的事情

在你做完之后　你依旧看着小孩

你的眼神充满了理解　充满了关怀　也充满了心疼

因为你最清楚小孩发生的事情

你牵着小孩的手　慢慢地站起身

你告诉小孩　你要带着他一起离开

你告诉小孩　你想要给予他　更好更棒的生活

你也告诉小孩　你想要一直陪伴着他

小孩握你的手　似乎在告诉你　我一直在等待这一刻

你牵着他的手　你们一起纵身一跳

从光亮跳入了黑暗的步道中

你们一起走着　有说有笑地走着

在回来的路上　你牵着他的小手

感觉他慢慢地在你的手中缩小了

你感觉他越来越小　越来越小

小到小孩只有你手掌心的大小

好小好小

你将你的手　慢慢地放在胸口

你跟小孩永远在一起了

小孩永远在你心里了

好

当你准备好了

你可以慢慢地睁开眼睛　回到这里来

从他人身上看到自己

<<<

自我探索方式：

1. 反思最近安慰他人的情形。

2. 你通常用什么样的方式安慰或陪伴他人？

3. 在他人的情绪呈现中，你内在的感受是什么？

在工作坊中，我会让学员练习扮演小时候有情绪的自己，通常是不开心、闹别扭的自己，有时是恐惧害怕的样子，有时则是伤心难过的模样，有时是闷着不愿说话，有时是不断颤抖。而让其他学员扮演小孩身旁的大人，试图去安慰有情绪的小孩。这样的角色扮演总是会让学员在现场就感受到冲击，更直接觉察到自己对这些情绪的反应。

我会让学员试着用创意去靠近小孩，想方设法帮助小孩离开那个布满情绪的情境，而不是通过吃东西和出去玩等方式引诱小孩“转移注意力”，是真的让小孩感觉到被懂与被安慰，感觉到情绪已经消除。

下面是几种常见的面对有情绪的小孩的反应。

1. 理性面对：这是最常发生的情形，也是我们成长与社会化历程中必然发生的阶段。

“你怎么了？你要说啊！不然我们怎么会知道？”（用理性掩盖面对情绪的焦虑）

“事情没有这么严重，不用这么难过啊！”（淡化事情的严重性，同时否认他人的主观情绪。）

“事情发生了我们就要面对，想办法解决它。难过没有用啦！”（标准教条，同时确定了“难过无用论”，为难过定罪。）

通常在理性之后，大人会感受到强烈的挫败感。当我们总是试图去分析情绪怎么来的时候，会忘记小孩其实有时根本无法回答，也搞不清楚自己的情绪。大人的态度会不自觉地转为愤怒且不耐烦。由于大人讨厌情况失控，所以开始对小孩施加压力。小孩则学会压抑自己的情绪，觉得情绪是不好的，更加感到挫败无助。当小孩有情绪时，思维和行动都会变得缓慢。而大人过度理性的陪伴，会阻断小孩对情绪的感受力。

2. 情绪隔绝：这是一种失去感受力的状态。有时候会用超理智的方式呈现，如同前述的状态，人们会经常否认或忽略情绪的存在；有时候是身体行动上逃避，他可能会面无表情地待在原地，等着其他人去安慰小孩，即使小孩在他面前反应强烈，也不为所动。

会有这样反应的人，很可能在自己孩童时期展现情绪时被强烈拒绝或羞辱过，而让他深信有情绪是不好的，所以隔绝自己的悲伤、愤怒或委屈等，最后甚至连快乐都感觉不到；或者家中有人总是带给旁人情绪上的压力，以情绪胁迫他人或经常情绪失控，迫使他需要拉开距离以面对或生存下来，习惯对他人的情绪筑起一道墙。

3. 愤怒厌恶：这也是一种对情绪的防卫。有时候，是因为自己对他人的无能为力变得愤怒，或攻击小孩，这些都是自己有挫败感的表现；有时候小孩的情绪引发他小时候那种无助和脆弱的状态，让他想极力隐藏，因此对自己有强烈的厌恶感。所以，他在别人身上看到自己，极力渴望丢弃那部分的自己。

他们所攻击与厌恶的，向来都是自己身上的影子，而他们也无法容忍自己有脆弱的片刻。这些人也许会在事业上有一定的成就，但在情感关系里却经常面临很大的挑战。

因为，他们有本事逼迫自己努力向上，但在关系里却因无法呈现脆弱，也难以支持他人面临生活困境时的无助和脆弱，而使身旁的人感觉受伤。

4. 恐惧害怕：我们会对于某种特定情绪的展现感到恐惧。多数人在工作坊里会说："我跟他不太熟，不知道该怎么安慰他。"当然，这是我们社交礼仪上的正常反应，更多的是由于我们对自己能做些什么感到怀疑，或者害怕自己做了之后他人会有更大的情绪反应。很可能是你害怕他人伤心难过，若自己说了什么，让对方更伤心怎么办？也可能你害怕他人愤怒，要是自己靠近，对方更生气怎么办？

这包含了我们对情绪的错误认识，认为是因为自己而让对方情绪更为激动。更激烈的反应是因为我们触动了对方，让对方更加认识自己情绪的结果。

在情绪历程里，这是很棒的接触，也帮助对方释放情绪。而在我们的恐惧之中，往往掺杂着过往的经历，可能曾经需要为别人的愤怒和悲伤负责。他人的情绪可能让你充满歉疚和罪恶感，有时让你急着想安抚对方，有时又让你惧怕到不知所措。

5. 嬉笑面对：这种情况通常发生在家中扮演开心果的角色者身上。我会说这种人具备“场控”特质，很有本事逗别人开心，改变他人的情绪。他们一旦感觉到现场氛围不对，就会开始使劲让气氛变得缓和。团体中有这样的人是幸运的，因为他们总是有办法让人大笑。不过，他们往往最不会表达自身情绪，除了擅长隐藏自己之外，也经常让自己承受很多人的情绪压力。

这样的人其实很容易忽略自己。自己的情绪若带来气氛的改变，是他们无法容忍的。所以，他们会把自己放在很靠后的位置，习惯把别人摆在第一位，而将自己的不开心藏得很深。在开朗的面具下，是自己不愿意面对的孤单和忧郁。如果你是这种类型的人，就需要去思考一路成长过程中的家庭氛围。有些人天生会搞笑，有些人则必须搞笑。假使你发现自己是后者，就需要花更多的时间来照顾自己的情绪。

亲爱的，看了这么多种类型的反应，是否已经知道自己最常见的反应是哪一种了？不论你看见自己的哪一种反应，都不要急着否定或斥责自己。

这是一个很棒的机会，让你可以静下心来思考自己，了解自己为什么会建立这样的模式——

1. 在儿时当你哭泣或生气时，印象最深刻的被别人对待的经历是什么？

2. 家里人最常出现的情绪是什么？又是谁最常有情绪呢？

3. 你通常会怎么做？

当然，你会很想知道，当有人情绪起伏大的时候，究竟该怎么办？

看见他人的情绪起伏，你往往就能看见他们“内在小孩”正在渴望被照顾与被安抚。当你用以上方法面对小孩（他人的“内在小孩”）时，就意味着你用相同的方式面对自己的“内在小孩”，也意味着当你儿时的情绪展露时你被怎样对待，你从教养经历中学习到如何处理和面对情绪。

很多人喜欢问我，如果另一半家中有人有抑郁症，那生的小孩会不会就容易带有抑郁症的基因？他家中有人酗酒，他会不会就有嗜酒的基因？他父母离婚，我们离婚的可能性会不会也很高？这种现象会不会遗传啊？

有很多研究显示，精神相关疾病以及成瘾性的问题确实与生物、体质等因素有关。然而，在心理学上，我们常常讨论的，是他承袭自父母的行为、思考与情绪模式。而很多精神疾病与药物、酒精的依赖性和成瘾性，是与日积月累的行为相关的。

当父母习惯压抑情绪，在家中，情绪的流动就会被禁止，甚至不被允许讨论，自然成为一种家庭文化和氛围，塑造出个人的性格。可能有人在刚毅木讷的外表下，是对自己情绪的疏远；也可能有人看起来平静乖巧，但经常会在夜半磨牙或被噩梦惊醒。清醒时不允许情绪流露，但在半夜潜意识运作时，就需要释放出大量累积的情绪。所以，你可能渴望寻求最适合的方式来对待情绪，而在这个过程中你将会遇到层层阻碍。因为，当中我们身上有太多对情绪的制约和惯性。你会发现，自己很难平静地面对情绪。有时候，你根本不想承认你有这些脆弱的情绪，甚至不愿意承认自己受情绪影响，但都是正常的。

你可以练习这样面对情绪，不论是对自己或对他人：

1. 指认情绪，说出你所看到的情绪是什么

“被他们误解一定让你觉得很委屈很难过吧！”

“你现在看起来很害怕，害怕的感觉一定很不舒服。”

“母亲不在家，你很想念她吧？”

“他没有回你讯息，你觉得被忽略了？是不是有点儿

孤单？”

通常，当我们的情绪被说中时，会有一股脑儿的情绪喷涌而出，可能会开始流泪，也可能觉得紧绷的神经放松了。很多小孩小时候并不懂得自己的情绪，会感到局促不安。其实，他们很渴望有人告诉他可以怎么做。

这样的局促不安，长大后会成为对自己与在关系里的强烈的不安全感。因为他们并不知道怎么处理这些难过或愤怒的情绪。当它被说开了，联结就因此发生，同时可以打开情绪通道，让人好好地看清情绪，也宣泄情绪。

2. 陪伴情绪，不一定要言语，只要一种存在

在面对情绪的练习中，有人可以成功安抚“内在小孩”，当他回顾练习时一定会说：

“我觉得自己可以生气（难过），气（哭）完好像就没事了。”

“他在旁边让我觉得安心，感觉我这样是可以的。”

的确，情绪是短暂的，就如同快乐的感觉也是一阵子，根本不需要留在身上。会留在身上是因为我们害怕展露它，害怕那样会伤害别人或自己，从而误解了情绪。

其实，展现的情绪就是想被好好理解。当“内在小孩”用展现情绪的方式来到你的面前时，我们无法用“分析”的方式来靠近他，而是要用体会与感受，并且在一旁安静地陪伴，让他知道我们一直都“在”，这样他就能很快释放高涨的负面情绪了。

亲爱的，我们在做的就是陪伴，一种你真的可以懂、不带任何评价的懂。当你懂你身上的难过、委屈，就有办法懂他人的。你有办法陪伴自己，就有办法从焦虑不安的情绪中走出，一步步贴近并安抚自己，也就不需要总是期待他人来帮你或照顾你，又使你不断对他人感到失望。

即使你开始懂得安抚自己的情绪，也开始懂得不安感的来源，下一阶段我们要进一步探索的是，哪些内在语言不断让你感觉受伤和不安。

很多事情的确都过去了，但对生命的影响依旧如影随形，需要我们有意识地看见它们的存在。接着，转化便会发生。

Lesson 5
解放“内在大人”

我们都在人生的道路上前进，

道路上总会出现各种挑战，

磨炼心智、挑战信念。

唯有不断与自我对话，

我们才能在挑战中依旧保持心灵的稳定，

在充满挑战的路途上走下去。

学会与“内在大人”相处

在进入这个单元前，可能很多人会感到困惑，“内在小孩”是经常听见的说法，但对于“内在大人”的概念并不熟悉。当我们想要保护和照顾“内在小孩”时就需要意识到，我们用什么样的内在声音去对“内在小孩”说话。

简单来说，“内在大人”就是我们对待“内在小孩”的方式，我们如何响应“内在小孩”的需求，我们是否愿意去满足“内在小孩”，那个我们内在最纯真、最原始并且没有被社会化的声音和渴望？

很多人在看见自己的“内在大人”和“内在小孩”后，才开始真正意识到“外面没有敌人”这个概念。

从小到大，父母对待与管教我们的方式、态度以及面对我们的情绪时他们的反应，加上一直以来学校的学习经历，一点一滴塑造并内化成我们在面对自己某些行为时，自然会出现的声音和反应。

所以，这也是为什么曾有学员说：“其实父母早就不在我身边，我也已经不需要像小时候那样辛苦为了拿到奖学金念书，可是我这几年才发现，只要我一放松想休息，就会有强烈的罪恶感。我觉得，这样的想法很自私，我无法放过自己，所以在我放长假的时候，都是病倒住院的时候了……”

我们时常以为敌人在外面：如果我没认真工作，父母会对我失望，另一半会指责我，老板会把我开除，将这些人的期望背到自己身上，却忘了自己才是那个最严厉的监督者，是那个最不满意自己的人，也是经常把自己骂得最凶的人。

因为标准过高，让自己对他人的评价过于敏感，所以当真的“外面有人”对自己所做的事情评论时，自己会更感觉无力、焦虑和受伤。外人的声音就能成为内在声音的放大版。你不知道的是，不断消磨自身尊严与价值的，是你内在的声音。

你都对自己说些什么?

1. 当你准备面试新的工作、担任新的职务时，你最常听见自己说些什么?

2. 当你感觉被骂、做错事情时，你最常听见自己说些什么?

3. 当你感觉不被爱、不被重视、被排除的时候，你最常听见自己说些什么?

试想看看，当你面对这些问句时，脑海中第一个闪过的回应是什么？也可以想象最近发生的情境中，你的反应是什么？

让我们一起来探索与回忆内在的声音，邀请你一起来诚实面对自己的内在剧场。不论你对自己说出什么，都请你翔实地记录下来。

我在进行较短期的课程时，或者参与者是被要求来上课的一群人，就非常容易在对话中出现许多正向思考。

我会询问："当正向思考之后，是否让你们觉得比较轻松舒服？晚上睡得好吗？"

这时会有学员愣住，发现好像自己的内在声音在交战，才再度埋首感觉这些问句里是否有其他声音。

其实，当我们面对内在的声音时，是会有阻碍的。它是我们太习以为常的内在机制，我们往往只看见"做错事"的行为，可能会招引他人对自己的指责而心情开始郁闷，却忽略了看待"做错事"这件事本身，甚至只是"感觉做错事"时，我们内心的机制便会牵引出过往的伤痛，而那伤痛黑暗得令我们无法直视。所以，很多人鼓励用正向思考的精神来面对事物，却发现有很大困难。这往往是因为，我们并没有真正理解内心为何有那么多“黑暗”的声音和带来“黑暗”的情绪。努力正向思考的“光明”无法驱除内心的黑暗，反而让人陷入另一片黑暗之中。

现在，让我们来看看下面的案例所呈现的内在声音。

你都对自己说什么——A男

◎当你准备面试新的工作、担任新的职务时，你最常听到自己说些什么?

你没准备好。

好烦。

要更努力证明自己，我要达到怎样的标准才是好的，才是成功的?

◎当你被骂、感觉做错事情时，你最常听见自己说些什么？

难过、自责，为何我没有做好？我如何如何就不会如此。

不断鞭策自己，我怎会犯这样的错误？对自己感到生气。

◎当你感觉不被爱、不被重视、被排挤时，你最常听见自己说些什么？

一定是我哪里不够好，他才离开。

如果我更好一点儿，就能改变什么。

一定是哪里我输给了别人，所以才会导致分手。

你对自己说什么——B女

◎当你准备面试新的工作、担任新的职务时，你最常听到自己说些什么？

要好好把握这个机会，去网络上搜集信息，

问清楚有没有考试，考什么。

找别人准备的信息，能准备就尽快好好准备，要问清楚自己的权益，好好加油！

◎当你被骂、感觉做错事情时，你最常听见自己说些什么？

天哪！我怎么会犯这样的错？

当时你在干吗？怎么没料到，下次绝不可以再犯这样的错！

要预防、要记下来，接下来该怎么处理才好？

多想几个方案，自己边想边说，边确认有没有漏洞，再决定用哪个方案，并全力执行。

◎当你感觉不被爱、不被重视、被排挤时，你最常听见自己说些什么？

为什么不爱我、不重视我？为什么好像在排挤我，是我做错了什么吗？

是不是我做得太少了，要再做更多才行，要做对方喜欢的事才行？

一般而言，安全感缺失者的内在声音会充满对自己的负面批判——

1. 批评："你怎么可以把事情做成这样啊？你真的很糟糕啊！"

2. 怀疑："你真的可以吗？这件事很困难啊！"

3. 否定："你以为你是谁啊？你怎么可能把这件事做好！"

4. 无助："啊！没办法，没办法啦！这件事没救了！"

5. 威胁与恐吓："你没做好就惨了，什么都没了！"

一旦内心出现这些声音，我们身上就会出现很强烈的焦虑和不安，使我们很难沉着面对事情，因此更容易出错，更容易应验对自己所认定的"你就是什么事都做不好"的假设。这些负面声音的认定，通常是经年累月下来，成为自己的标签，也成为更难摆脱缺乏安全感的状态。

理情行为治疗（Rational-Emotive Behavior Therapy; REBT）之父艾伯特·艾利斯（Albert Ellis）就在情绪 ABC 理论中提出，激发事件 A（Activating Event）只是引发情绪和行为后果 C（Consequence）的间接原因，而引起行为的直接原因则是每个人对激发事件 A 的信念 B（Belief）所导致的。

所以，缺乏安全感这样的感受，往往是因为内在有很多对自己的非理性或不合逻辑的信念，像“我不被喜欢”“没有人要跟我做朋友”。什么样的信念就会引发相对应的感受和行为，而我们通常是通过学习来巩固非理性信念的。

我们需要意识到非理性信念，明确地辨识它，并且开始驳斥或挑战这个信念。因为，有时候这个功能有用，有时候却没用，只会带来更多痛苦。只有逐渐运用新的想法和观点取而代之，才能真正修正信念，建立起安全感。

关于信念的辨识，“可视化‘内在大人’”可帮助我们更容易探索，而信念的修正则在“安抚‘内在小孩’”与“打造新的‘内在大人’”有更清楚的介绍。

因此，就拿“被排挤”这件事来说，一个人有过被排挤的创伤事件，这个事件就会带给他心理阴影，同时让他对自己的信念（B）也变成了“我不被群体喜欢”。

如果某天办公室中的人在邀约聚餐时没有找他（A），他就会解读成：“我不被群体喜欢”，便会在办公室中出现退缩或离群的行为（C），但他却忽略了这可能是过去的阴影所带来的信念，让他在人际互动中习惯性地隐藏。

他担心自己的发言不被群体喜欢，因而不自觉地让群体里的其他人忽略他的存在。自然而然地，大家在彼此邀约时也就忘了缺乏存在感的人，所造成的结果就是，再次应验他心中所认定的“我不被群体喜欢”这点。这就是关系共构的现象，并非直线因果，而是因为过往的事件到今日重复发生的结果。

这样的信念会带来人际相处上的焦虑不安和畏惧，有的人则容易错误解读情境讯息，深信群体中有人排挤自己，或者有人对自己有恶意，但也可能是因为自己身上的信念，带来自身行为有一种对他人不自觉的敌意或防卫，而让身边的人难以亲近。因此，不论是成长过程或者进入职场都一直在重复人际挫败的经历。

当我们可以去理解自己面对有压力的情境时的内在对话时，就能更清楚地知道这些对话所带来的心理感受，以及会引发我们做出对应的行为。当我们可以清楚地觉知到这些声音里的负面信息和过往的创伤时，就有机会修正对话，引出不同的心境和处世风格，更能提升安全感。

可视化你的“内在大人”

请根据前面练习中“你都对自己说什么”的内容来想象。如果对你说这些话的是一个人的形象，会让你想到什么样的画面和人物？ 他的脾气、衣着、外表、生活场景、生活方式（书写或绘画皆可），请帮他命名。

可视化你的“内在大人”——A男

命名：成功的教官。

严肃的个性，不太鼓励，讲求效率和纪律，要不断地往前冲。

你不是想要成功吗?

你不是想要有价值吗?

你不是想要拥有什么吗?

那就赶快起来！别在这儿停着！

你必须再多做一点儿！

必须如何才是成功！

必须如何才是好的人！

可视化你的“内在大人”——B女

一手叉着腰，一手指着对方骂，板着脸，衣着色调深、阴暗，拿着放大镜。

脾气坏的人，生活在角落，一直等待机会跳出来。

★ 外表：瘦弱单薄

★ 生活方式：随时瞅着，放大所有事情

★ 命名：巫婆

两手张开，随时要拥抱的人。脾气温和，衣服颜色为浅蓝、浅粉红。

★ 外表：丰腴

生活在有阳光、绿草、大海、蓝天的地方。

★ 生活方式：随遇而安

★ 命名：天使

进一步探索自我：

1. 你是否想变得跟他一样？

2. 请想象与他生活在一起的小孩会是什么样的个性、状态。

多数人在绘制完内在形象后遇到第一个问题时，答案往往是直接肯定地说“不！”因为他们清楚地看到这个形象的严厉与僵化，并且有许多不合理、会让人备感压力的地方，所以多数人都不想变得跟这个形象一样。就是无法克制这些形象带来的影响力，以及自己必须遵从这些话语而感到的痛苦与不安。

当然，也有人希望跟这个形象一样，而这个形象有时来自他们揣摩现实生活中某个完美形象得来的代表，像钢铁人，有人认为拥有三高的钢铁人，为什么不能跟他一样？如果自己可以活得像钢铁人，肯定会是一件很美好的事情。

现实的困难在于，钢铁人可能是亿分之一的人选，是太遥不可及的形象，只会强化对内在自己的否定，以及对自我过度鞭策的压力带来的无力感。这样并不会帮助我们达成心中所设定的目标，只会觉得自己一事无成。

因此，在看见自己拥有完美形象的要求与标准时，需要为自己停下来思考，为什么心中会有如此完美的形象？

有时候，越是完美与高标准，背后越可能是恐惧自己成功，而要设定一个理所当然不会达成的目标，内心有着自我安慰又自我鞭策的矛盾。

重新设定形象是有必要的，当你渴望真正的成功，也渴望跟自己的内在靠近时，就需要一个让你感觉安心又能驱动你向前的形象，在后面的篇章里会有更详细的做法。

在描述完内在不断对自己说话的形象后，我会让学员开始感受“一天到晚跟这个形象在一起的小孩”会是什么样的状态。大家描述出小孩的内心状态，都会与当事人的性格特质颇为一致。他们经常出现的想法、情绪或者内在状态皆是如此。

在 A 男的状态里，我们看见的是一个无法放松、严肃、头脑里充满框架与规矩、容易畏缩、总是很紧绷的小孩。这个小孩总是有不能犯错的压力，经常会自我鞭策，觉得自己不好，也不容易觉得自己有价值，情绪容易不稳定。因为总是对自己感到不满意，在这种情况下，就容易出现挫败感、气馁和愤怒。

而B女的例子中，较为特别的是有两个形象，这其实在绘制的过程中会发生。

开始自我成长之后，我们对自己的内在会有更多觉知，就开始能理解自己身上发生的事，进而给出理解和支持。不过，原本的教条和指责还是存在，因此在自我成长的过程中，往往需要经历一段双重甚至多重内在声音的挣扎。一开始有可能出现的语言仍是负面带有批评与怀疑的，过一会儿内在又出现安慰和支持的语言。这两种声音会共存一阵子，争执或否定其中哪种声音的存在都会带来伤害，因此即使负面声音让人感觉厌烦，仍需要练习去理解和包容其存在，才能逐渐减少它带来的影响力，也就有机会感觉自己内在完全被温暖和支持环绕。

很多人会发现，仔细一看，自己所绘制的形象是小时候自己的主要照顾者，多数的人为父亲或母亲，有时候则是父母形象的综合体；有时候则是影响深远的小学老师或中学老师；有时候则是家中权力很大的亲戚。譬如，有人发现自己画出来的是家中讲话很严厉的阿姨，她经常像贵妇那样提着精致的手提包。而阿姨说话时，家中所有人包含自己的父母都要听她说话。有时，连当事人也无法理解为什么阿姨的形象会影响自己如此深远。

有些人绘制的则是小时候让自己遭遇创伤的形象，像排挤自己的中学老师，即使离开中学十多年了，依旧用老师的形象和话语对待自己，依旧相信自己是那个应该被排挤的小孩。

看见这些形象是很重要的第一步，可想而知，父母的话语在日积月累中，会成为我们内在的教条。而孩童时期未处理的创伤也会成为摧毁内在自我的武器，无时无刻不发动攻击。

简单来说，这个像大人一样的内在形象，其实也是我们在社会化的过程中，外在环境所带给我们的社会价值观，各式各样的文化、次文化、规则、潜规则，塑造出我们人格的一部分。

我们通过认识这个“内在大人”的人格，并学会与他相处，就能让我们“内在小孩”的人格感觉自在安心，所有的内在人格就有办法好好共处。同时，我们就有办法使自己拥有自信与自在的生活。

在下一篇，我们将讨论“内在大人”的人格，以及可以与之应对和相处的方式。

安抚“内在小孩”

<<<

常见的“内在大人”

由于文化与教养的关系，其实很容易在多数人身上看见相似的“内在大人”形象，以下列出几种常见的状态。

1. 制造害怕情绪且鞭策驱赶的“内在大人”

在讲求物质主义与升学文凭的观念里，这种类型的

“内在大人”总是很会鞭策与驱赶，要求我们必须上进。只要一停顿，内在就会升起许多压力。

“天哪！你不要这么懒散好不好？你这样真的太颓废了！你还可以做什么啊？”

“你怎么这样就放弃了，积极努力一点儿好不好！”

“你真是太软弱了，遇到这样一点儿事情就被打击，真的是太丢脸了。”

“你动作快一点儿，你要赶不上别人了，就要输了，怎么可以输呢？”

这个“内在大人”的声音勉强发出的动机来自外在社会价值观的压力。这些压力落在父母身上，也会落在小孩身上，成为小孩心里督促自己的“内在大人”。

然而，我们往往在长期的压力与忙乱中，茫然地生活。因为害怕失去也害怕落后而不断向前奔跑，所以这个声音其实是通过“恐惧”与“羞耻”驱动着我们前进。

这些声音之所以一直存在，其实有其意义和功能。有些人会说：“如果没有这些声音的存在，我会更没有动力去做任何事，我就不是现在这样了。”

的确，这就是这个“内在大人”最重要的功能——“维持社会地位”，不断向前努力，帮助你维持在某一个标准，让你不会被瞧不起，却也不会让你太开心。因为，很多时候你会感觉自己是在赶鸭子上架。

有一句话我很喜欢：“我希望，每一天叫醒我的是我的梦想，而不是我的闹钟。”

虽然这句话很浪漫，但试想，当你清楚地知道自己的梦想以及渴望前行的方向时，就会拥有“内在驱力”，不需要通过外在的鞭策去要求你做事。因为，你可以从做事中获得喜悦和成就。

可是，当我们被“恐惧”与“羞耻”占据时，不会有人真正关心你的梦想、你的天赋或者你是谁，而是我们被驱动向前奔跑，要达标，好好地生存下来，这样就对了。

2. 制造罪恶感且进行情绪勒索的“内在大人”

在华人特别讲求孝顺的文化中，这种类型的“内在大人”广泛存在着，限制我们的自由意志，要我们总是为他人着想，因此阻止我们根据自己的意识或感受来行事。

“就算母亲再怎么唠叨，你也不能用这个方式跟她说话啊！”

“你怎么可以不回家吃饭？这样她老人家怎么办？”

“你不帮她忙会不会太铁石心肠了，她这样忙得过来吗？”

“如果你不回家过节，他们会生气的，这样也太不孝顺了！别人会怎么讲你？”

这个“内在大人”代表着极高的道德标准，以孝顺、和谐待人、为人着想的框架，驱动我们去做许多违背心意的事。

在讲究群体生活的东方文化中，依他人心意做事自然会带来群体生活的许多好处。所以，在“内在大人”的人格里，会自然忽略我们真实的渴望与需求，去承受他人情感威胁，达成他人要求我们做的事，以免被贴上“难相处”“自私”等沉重的标签。

这个声音通过“罪恶感”让我们无法做自己，其实我们背负着很多的人情与礼尚往来的枷锁，甚至秉持着父母恩重如山的观念，而将自己跟他人或跟父母视为“一体”无法被切割，也无法独立，却也无法忽视内心一直呼唤着自由与独立的渴望，形成想与他人亲近却备感痛苦的矛盾。

即便这么痛苦，也还是有很多人受制于情感的威胁，不外乎这个“内在大人”最在意的事：“维系关系”以及“获得认同”。

在我们的群体文化中，要拥有自由，在某种程度上需要去违抗他人给予的指令，或者违背他人心意；要做自己，就需要有足够的勇气，在他人不认可自己的时候，你依旧懂得自己的价值。

不过，在儿时经常被否定的小孩身上，他们对自身价值的肯定太少，所以需要从他人身上来寻求认可，就更畏惧不符合他人心意时所带来的关系危机感。这就是这个“内在大人”如此强大，具有影响力且难以摆脱的原因。

3. 制造无助感且充满否定与怀疑的“内在大人”

安稳舒适一直都是人们渴望的生活状态，尤其在马斯洛（Maslow）的需求理论中，生理与物质的安全是人们生存的基本需求之一，当经历困顿与颠沛流离时，集体潜意识里会让许多人恐惧再次出现不安定的生活，因为害怕失去而开始需要巩固和保护已有的生活安定感。

“你好好的工作不做，说要辞职去创业，是不是想不开？”

“什么？你说你要去流浪？到底是哪根筋不对啊？”

“你一个人出去可以吗？有什么世面好看的？家乡有什么不好？你英文够好吗？”

“也不想想你一介弱女子，只身在外遇到危险怎么办？”

无望（Hopeless）与无助感（Helpless），是这个“内在大人”最擅长制造的心境。一开始来自保护性的否定和怀疑，到习惯性的否定和怀疑，让人在面对新事物和挑战时，会在心中觉得有千百种不可行的理由。所以这个“内在大人”的功能在于——避免受伤也避免失败，但也相对让人停留在舒适圈，不会失去在舒适圈里的安全感，无法探索与拓展生命，并自我设限。因为让人持续留在熟悉的圈子里，在某种程度上带来了生命的安全感。

我想，从某方面来看，这就体现了“小确幸”的观念。因为大确幸需要冒险，也需要跳出舒适圈体验。而当这么多的声音告诉我们留在原地很好时，我们内在的郁闷就只能靠小确幸来安抚了。

还记得，当年我决定要去印度旅行时，就遇到内在激烈的冲突：“你的英文够好吗？”“如果你被攻击了，你可以一打几啊？”“你一个人行吗？”

接着，我慌乱焦虑地在网络上寻找旅伴，但遍寻不着，暗自想着："也许这趟旅程就是要我诚实面对心中这些声音还有恐惧了。"而我万万没想到的是，当我安抚内心的恐惧，正视心中的焦虑感后，心里这些"内在大人"的否定也就一一破除了。

回到台湾后，友人晚上九点多送我到车站，叮咛我说："小心安全啊，很晚了！到家后发个信息给我。"

我笑了笑告诉他："我凌晨三点到过印度的车站，还睡在那里，你说呢？"而他总是会心一笑。

的确，当外在环境不稳定时，这个"内在大人"会有效帮助我们守护安全。但当环境稳定时，这个声音就成为枷锁，使你僵化，觉得"自己永远不可能"或"我不可以去"这般画地自限。

当然，我们在生活中都会遇到很喜欢如此自我安慰的人："我要是去竞选，你现在就是市长夫人了"或者"我当年没钱考试，否则早就是教授了"，却没有正视心中的畏惧和焦虑。

这个否定的声音通常会反复播放，直到你深信不疑，也因此造成当我们无法做自己真正想做的事情时，就会有很多借口却又无可奈何的局面。

面对“内在大人”时

要摆脱“内在大人”对我们的影响，有几个很重要的步骤，在心里分辨出外在社会价值观的影响，以及长期父母教养，甚至是过往创伤经历带给我们的深刻印痕，带着觉知去听见声音，而非一味相信。

1. 辨认与标记声音

在我们面对可视化“内在大人”以及为其命名时，就是在强化我们辨认他们的声音。而“命名”更能帮助我们标记出他们的声音，所以在 A 男的例子中，当他听到“你还没准备好”怀疑的声音与“一定是你做不好”谴责的声音时，就可以辨识出这是“成功教官”的声音，然后开始展开内在的对话。

2. 把“我”与声音分开

起初，我们会像A男一样，认为都是“我”没做好才会如此。我们现在练习将“我”分开，意味着是“成功教官”认为我没做好才会导致这样的结果。而“成功教官”就是那个批评指责我们的“内在大人”，并不是完整的“我”。如果我们不想成为“成功教官”，就不需要一直听命于他。

其实，我们有“内在大人”“内在小孩”，同时也有“自我”。很多人会对内在拥有这么多声音感到困惑不已，但事实就是如此。何以我们经常感觉自己分裂，而导致内心不平静。

所谓的自我，其实是我们可以在知晓一切后，能够做出选择与调节的那个我。“自我”可以去听见“内在大人”的声音，也可以听见“内在小孩”的声音，进而调节它们。

心理学大师弗洛伊德（Freud）提出的“超我”概念，

就类似“内在大人”的声音，充满了对道德与社会价值的期许；而“本我”的概念就类似“内在小孩”的声音，充满本能与原始的状态；自我则具有现实感以及逻辑性，调节“超我”与“本我”的冲突。

最简单的例子就是：哥哥看到弟弟手上有棒棒糖，“本我”会想要满足自己的口欲，就会冲动地把它抢过来吃，但“超我”会想到这么做会被父母修理，就会严厉阻止自己的行为。这时候，“自我”就会出来思考，可以如何安全地满足自己的欲望：问弟弟要不要分一口，还是也跟父母要一根棒棒糖？

所以，如果我们的经历都是“内在大人”发言，“自我”在没有觉察中，就会等同于完全站在“内在大人”那一侧，跟着批评、否定“内在小孩”，导致“内在小孩”身上贴满各式各样的标签，也让沉睡的“自我”深信自己就是这么不光彩的。

而“自我”逐渐苏醒与觉察，便可以开始选择，究竟我们要相信“内在大人”的言语，还是开始去捍卫与保护所有来自外界的评论所带来的影响力，保护“内在小孩”不受这些批评责难的声音干扰，选择去调节，而不是毫无选择地接受，接受所有难听的标签。

3. 拥抱“内在小孩”

很多时候我们都没意识到，“内在大人”说的话都让“内在小孩”受伤了，就如同早期我们听见伤害我们的话那样，反复让自己受伤。所以，我们可以深刻倾听内在，问问“内在小孩”“当你被告知‘都是你没做好’时，心里有什么感觉？”

而我们很可能听到的是：“我感觉很受伤，而且很受挫，但我已经很努力了。其实，我希望有更多资源或更多建议，让我更清楚地知道怎么做。”

若我们可以安静地回到内在，觉醒的“自我”就能体会“内在小孩”的伤，停下“内在大人”的声音，并停止伤痛，好好安抚内心的创口。往往当我们可以靠近“内在小孩”，并且安抚他之后，安定与感觉安全的“内在小孩”会让我们更有勇气和自信面对事情。

当伤痛被释放与承接时，将有效地扩展我们的内在空间，内在就不会一直感觉无力、无助，而是感到释然，充满力量。

4. 理解响应“内在大人”

“内在大人”的声音有时候根深蒂固，他还有一个特征是容易像跳针的留声机，不断重复播放相同的讯息。例如：“你看你，总是这么懒惰！”（重复播放……）这时，我们可以通过前面所认识的“内在大人”样貌来理解这句话，看到对这句话的否定里，有着鞭策驱赶的急促和焦躁。而我们要看见背后的意识，开始回应“内在大人”。

你可以这么说：“我知道你很担心我用现在这个方式生活，会变得失败（会过得不好），谢谢你的担心。”

甚至，更深入一层，你可以说：“这些担心和忧虑来自爸爸吧？爸爸小时候贫困过，所以他相信必须没日没夜地拼搏才能生存，但现在不一样了！”

接着，你可以寻求“内在大人”的肯定和认可：“请你相信我，我知道我在做什么，请让我用我的步调去做我想做的事。”

这部分的“内在大人”与“内在小孩”对话，我会在工作坊中通过角色扮演的方式，让学员体验自己内在丰富却存在冲突的对话。

在对话中，很多人清楚地感知到有许多不确定性，不敢肯定自己能够做到，也因此他们需要“内在大人”不断督促他们。这也是为什么他们在真正的父母眼中总是长不大的小孩。也有很多人在对话中感受到强烈冲突。经过教导，其实他们理智上都知道“内在大人”的用意，但在心理上却觉得“说出口”是极为困难的。因为，这些话语是他们常年的痛苦、愤怒与挣扎。而当遇到这样的情形时，则需要“与“内在小孩””有更多的联结和对话。直到小孩安定下来之后，再让自己与“内在大人”对话，才能以客观的眼光看待，理解响应对方。

更常见的方式是，由于“内在大人”所带来的批评和否定会让许多演练的学员忍不住陷入争辩与奋战中，这会让内在冲突陷入无限循环里，反而消耗自己的心力，因此觉醒的自我需要有意识地看见循环，让自己停下来，并对“内在大人”给予理解与感谢，接着离开对话。

通过觉醒的自我带着对“内在小孩”的安抚与肯定，去做自己想做的事。

当然你们一定会问：那我不再听“内在大人”的声音了，接下来要怎么做？我觉醒的自我就可以决定一切了吗？我真的可以去做任何我想做的事吗？

在下一篇，我将带着大家转化自己的“内在大人”，找到自己心中坚定且温和的声音。

打造新的“内在大人”

给旧的“内在大人”的一封信

与“内在大人”对话后，如果已经下定决心，希望自己不再受其影响，也可通过书写的方式来好好梳理自己对“内在大人”的感受，并将整体感受打包，与之告别。这都是当中的过程，一次次地提醒自己，我们有这个“内在大人”的存在。我们终究有办法走自己的道路，有选择权不再听命于他，并且能够找出善良温和的话语来对待自己。

我会鼓励学员撰写一封信给原来的“内在大人”，当成一种誓言来开启我们觉知的内在历程。

书写时，可以将自己带到几个面向，一样是从对“内在大人”的理解与“内在小孩”的伤痛着手，以及最后觉醒的自我希望开始为生命负责的承诺。以下几句是可用在信里的片段：“‘内在大人’说这些话是什么目的呢？”“我终于了解原因了……”“这些话对‘内在小孩’的影响……”“谢谢！接下来我会……”

同样地，在此有 A 男与 B 女的例子提供给大家作为参考：

给原来的“内在大人”的一封信——A男

你为什么对我说这些话呢？我想，你想要在满足父母之外，也希望被人看见、认同、称赞，这样让你觉得有存在感和价值。其实，你很孤单、害怕，想要被疼爱。我能理解你的感受，你不愿意像小学三、四年级那样，在学校被忽视、被轻视，真的很难过且辛苦。但你说我很不开心，每天活在紧绷的压力下，对人、对事都是如此，放松的时候也是在想着成功，考虑许多事，这样的人生真的很累、很累。

谢谢你这二十八年来的照顾与叮咛，但在未来人生中，我要快乐。你不需要他人或世界来定义成功或失败。

我想要为自己而活，陪伴自己，让自己开心，在这个世界上去冒险，活在当下，接受当下的每一种情绪。我会永远陪伴着自己度过每一秒，告诉自己是最棒的，谢谢曾经的一切。我想，已经够了，从今以后，我要用新的方式前进。

再见！那位我曾经的教官。

给原来的“内在大人”的一封信——B女

谢谢你这些日子以来一直对我说的话。你会这么说是担心我会被抛下、被丢弃，所以一直催促着我，努力工作，努力赚钱，努力满足大家的需求，希望我不会被抛弃，这些我都知道了。这些话给我带来好的东西，也带来不好的东西。现在我已经很棒，也很好，而且我会一直在这儿，陪伴着、保护着自己，不用再担心了。

很多人写完这封信后，会有一种放开与疗愈的感受，甚至有人会在心里与自己达成和解。

很重要的一件事情是，无论如何，“内在大人”都是你人格的一部分，他经年累月下来成为你的内在教条与规范，也是你过往依循的法则。即便他的存在令你受伤，仍旧需要被理解和被尊重。

当我们有办法对让我们受伤的部分也给出理解时，内心的平和会是让自己感觉安全与稳定的极大力量。

打造新的“内在大人”

当你不再遵循旧有“内在大人”的声音，便意味着你会需要新的遵循。这与情绪取向治疗中的“内在运作模式”类似，我们需要看见旧有否定与批判等负面自我认知的内在模式，开始有新的回路，创造新的自我对话内容，并逐渐创造新的自我认知，将负面的、觉得不够好的自己调整为稳定且够好的自己。这样就能为自己带来安全感。

以下有几个面向能帮助你找到新的形象：

1. 想象五年或十年后，有更多生命历练、更为成熟的自己，并且已经度过现在的彷徨和困扰阶段；

2. 现实生活中，你所欣赏的形象，可以是你尊敬的长辈、耀眼的明星或睿智的学者，有着某些让你敬仰、欣赏的特质，或者能帮助你安定下来的力量；

3. 通过静心的方式，让自己安静下来，沉着地专注在呼吸之间，邀请你内在的心灵老师（Heart Teacher）陪你坐着，一起冥想；

我们遵循的许多教条都是一种学习、练习进而内化的过程，所以我们选定某个形象，就可借由想象力和创造力来感受这个形象如何过日子，去思考他如何应对生活里的事。最重要的是，我们需要去实践他们的精神：每当觉得自己不够好、自怨自艾、被批评与攻击、愤怒难过时，请想象新的形象会如何与自己对话。

我在与患抑郁症的案主谈话时，他告诉我，他凌晨三点无法睡觉，就一直重复看国外歌手的一段影片直到早上七点，觉得累坏了才去睡觉。

我问他：“你在那个过程中都对自己说些什么？”

他回答：“我就跟自己说，你都已经生病了还不赶快去睡觉，让自己有规律的作息，病才会好得快啊！怎么这么糟糕啊！根本就没救了……结果，我还是一样克制不了。我明明都知道这个歌手下一秒会做出什么动作，因为我已经播放了三四十次，但还是无法停止。”

这个例子其实是“内在小孩”有个渴望和需求，却一直被“内在大人”批评、拒绝与否定。而自我则犹疑在大人与小孩之间，无法做任何决定，因此一边看着影片一边内心交战。到最后，也许“内在小孩”的需求是只需要看一两遍，却由于交战过程中受到的挫败失控感而不可收拾地看了三十多遍。

我们的经历中多少有这样的情境，有时只想吃两口冰激凌解解馋（小孩的需求），却因为一边觉得有罪恶感（大人在责备），一边愤怒觉得自己何必有罪恶感（小孩愤怒委屈），结果就吃了整桶冰激凌。

很有可能在我们遍寻所有形象之后，我们真正在寻找的，就是心目中理想的父亲与母亲。而这是你真正的父母所无法塑造的形象。最终，我们需要为自己打造理想父母，在我们心中永恒地陪伴自己。

让新的认知带给你轻盈且崭新的人生

<<<

嗨！宝贝，你真的很认真，认真做好每件事，或者这是你所相信的，相信有需要的人自然会被吸引。其实没关系的是，现阶段我们就先做到这样。因为你应该发现了，你一次次把事情做得更完善，而有些人是如此迫切，无法等待，他们依旧可以为自己的人生找到方向和出路。

所以，宝贝，你不用担心他们，你一直都在对的道路上，并使整体越来越完善。

有些事情我们无法符合每个人的要求，只能一步步把它弄得完整。有很多人会觉得是为你好，却没看见你已经在做很多事。而且更重要的事，就是照顾好你自己啊，是不是？

我们不用为了那些不了解自己的人弄坏身体，也不用这么用力地活着或尽全力去服务，还是需要为自己的生活找到平衡。

所以，宝贝，我们就好好玩，好好工作。你越快乐，会创造更多；当你不用担心时，当你免除对这些评论、要求、结果的状态心情起伏时，你会越自由，越充满能量！

宝贝，我好爱你，真的，我也心疼你有时候把自己压榨得很累。

宝贝，我知道，我们都很想服务，让我们一起专心一致，也一起面对我们被干扰的情绪，不用害怕未来，也不用害怕做得不够，因为我们一直一步步在累积，写一篇篇文章都在帮助这个社会，但并不代表每个因文章而来的人，我们就一定要服务。把界限拉清楚，才有足够的能量来永续服务。

以上，是我在2016年的某一天写给自己的对话。那天的我感到非常挫败，因为这一路上，不管是在创业路上还是专业训练上，我都投入很大的心力，却总是会在路上遇到俗称的“奥客”。

在还没使用我们的课程服务时，已经有人有百般的要求，并且不允许我们现阶段的局限，包含时间、人力，甚至认为我写这些文章，就理应帮助像他这样求助的人，不该拒绝，纵使没办法做到，我也要想办法达成。

即使通过心理学，我很清楚这是他个人的议题，也是他的人际模式，认为所有人都应该满足他，并且对于他人的拒绝有强烈的焦虑，因为这危及他的自尊和价值，所以他发动攻击和批评。但我的心里还是冒出了受伤的小女孩，那个努力认真却又被否定的模样。理智上身为创业者以及心理师，我很清楚我无法让每个案主满意，只能尽力。然而，面对冲突与质疑的那一刻，我惊觉到自己的价值感仍被撼动，开始自我怀疑。

当晚，我让自己安静下来好好对话，深刻地接触小女孩的委屈与难过，给出对自己的认可与支持，一次次让自己知道，我们不需要寻求他人的认可，我可以是自己最坚强的后盾，去理解支持、捍卫保护、陪伴且接纳。我是自己那双坚定的大手，将小女孩从险境中抱离，并放在安全舒适的环境之中。

我们每个人都在人生的道路上前进，也许你已经知道你要去哪里；也许你还在迷惘，但无论如何，道路上总会出现各种挑战，等着磨炼你的心智、挑战你的信念。唯有不断与自我对话，我们才能在挑战中依旧保持心灵的稳定，才有可能在充满挑战的路途上，持之以恒地走下去。

当你开始实践运用“内在大人”“自我”与“内在小孩”的概念后，由于需要注意很多声音，一开始你会感到疲惫与困扰。在持续练习后，将达到三位一体的一致性状态。你会感到心之所向、身之所往，内在、外在和谐一致的安宁和安心，不再容易被情绪所扰，也不容易被外界事物牵制，并且在充满觉察与安定的状态下好好生活。

图书在版编目（CIP）数据

认知的重建：从内在强大到外在精进 / 吴姵莹著
. -- 北京：北京联合出版公司，2019.8
ISBN 978-7-5596-3444-3

Ⅰ. ①认… Ⅱ. ①吴… Ⅲ. ①认知心理学 Ⅳ.
① B842.1

中国版本图书馆 CIP 数据核字 (2019) 第 150690 号
著作权合同登记 图字：01-2018-1255

认知的重建：从内在强大到外在精进
作　　者： 吴姵莹
总 发 行： 北京华景时代文化传媒有限公司
策　　划： 孟如是
责任编辑： 昝亚会 夏应鹏
封面设计： 仙　境
版式设计： 柳淑燕
责任编审： 赵　娜

北京联合出版公司出版
（北京市西城区德外大街 83 号楼 9 层 100088）
北京中科印刷有限公司印刷　　新华书店经销
字数 95 千字　　880 毫米 ×1230 毫米　　1/32　　7 印张
2019 年 8 月第 1 版　　2019 年 8 月第 1 次印刷
IBSN:978-7-5596-3444-3
定价：45.00 元